电力系统短路电流限制技术与应用

DIANLI XITONG DUANLU DIANLIU
XIANZHI JISHU YU YINGYONG

设备篇

王开科 主 编
魏 伟 孙 帆 吴伟丽 副主编

中国电力出版社
CHINA ELECTRIC POWER PRESS

内 容 提 要

本书主要针对现代电力系统环境下短路电流特点及其限制技术、装置进行研究：首先，对接有新能源与分布式电源、特高压输电系统下的电力系统短路电流水平及其影响因素进行分析，接着，阐述了短路电流对电力设备的危害和影响，其中，重点分析了短路电流水平对断路器和变压器的危害；最后分析了限制短路电流的技术与装置原理与应用概况，并配以工程案例加以说明。

本书可供电力系统工程师、电气工程设计人员和电气工程专业的师生参考使用。

图书在版编目（CIP）数据

电力系统短路电流限制技术与应用. 设备篇 / 王开科主编. —北京：中国电力出版社，2021.6（2022.2 重印）

ISBN 978-7-5198-5669-4

Ⅰ. ①电… Ⅱ. ①王… Ⅲ. ①电力系统–短路电流–配电装置–研究 Ⅳ. ①TM713

中国版本图书馆 CIP 数据核字（2021）第 110961 号

出版发行：中国电力出版社
地　　址：北京市东城区北京站西街 19 号（邮政编码 100005）
网　　址：http://www.cepp.sgcc.com.cn
责任编辑：高　芬（010-63412717）
责任校对：黄　蓓　王小鹏
装帧设计：张俊霞
责任印制：石　雷

印　　刷：三河市万龙印装有限公司
版　　次：2021 年 6 月第一版
印　　次：2022 年 2 月北京第二次印刷
开　　本：710 毫米×1000 毫米　16 开本
印　　张：10.5
字　　数：168 千字
印　　数：2501—2800 册
定　　价：55.00 元

编写人员名单

主　　编　王开科

副主编　魏　伟　孙　帆　吴伟丽

编写人员　董雪涛　焦春雷　孙　冰

　　　　　徐　志　刘　震　祁晓笑

　　　　　王　川　张国勇

前　言

我国电力工业蓬勃发展，大容量发电机和变压器广泛采用以满足不断增长的负荷需求，加之越来越多的电力系统进行互联，导致短路电流水平不断攀升，接近甚至超过系统短路电流承受能力的极限，鉴于此，作者整理了国网新疆电力有限公司电力科学研究院近年来限制短路电流的研究工作，编写了本书，以期为研究学者、高校师生和电力工作人员提供工程实际案例和理论参考。

全书分为 6 章，系统地介绍了现代电力系统环境下短路电流特点、计算方法和限制方式与装置等内容。第 1 章由王开科、魏伟编写，概述了我国目前电力系统短路电流水平变化趋势、原因和危害，指出了现代电力系统短路电流限制技术产生的原因与必要性；第 2 章由孙帆、董雪涛编写，系统介绍了新能源、分布式电源以及特高压输电对电力系统短路电流水平的影响及计算模型，总结了短路电流对系统的危害，最后配以工程案例加以说明；第 3 章由焦春雷、孙冰编写，主要分析了短路电流对发电机、电动机、线路导体、断路器配置和变压器运行等重要方面的影响；第 4 章由徐志、刘震编写，介绍了各种短路电流限制技术，并配以工程案例加以说明；第 5 章由祁晓笑、吴伟丽编写，主要针对现在系统常用的零损耗短路电流限制器原理、规范和装置加以介绍，同时对大规模零损耗限流器的优化配置方法进行了探讨；第 6 章由王川、张国勇编写，主要列举了两个国内限流措施的工程应用，阐述了对短路电流的变化、限流措施对比和选择、实施效果以及最终确定限流方案总过程。其中，第 2 章和第 3 章能够为第 5、6 章抑制短路电流措施提供基础，为限流方式提供技术支撑。

通过阅读本书，读者能够掌握电力系统限流技术的最新发展，了解限流装置及技术研究成果电力系统中应用经验。希望本书能够对电力系统工程师、电气工程设计人员和电气工程专业的师生在相关领域的理论学习和工程实践提供一定的参考。

在写作过程中，作者得到包括国网新疆电力有限公司、大连理工大学、安徽徽电科技股份有限公司、安徽正广电电力技术有限公司、西安科技大学等单位的大力支持，也得到了业界专家、学者们的无私帮助，在此一并表示感谢。

还要感谢书中引注和未曾引注的所有参考文献作者的辛勤工作，感谢中国电力出版社为本书出版所付出的辛勤劳动！

本书的理论与应用研究有待于进一步探索和完善，限于作者的水平和经验，书中难免有不妥之处，望读者原谅和批评指正。

作　者

2020 年 10 月

目　录

第1章 概　述

本章概述了我国目前电力系统短路电流水平、原因和危害，指出了现代电力系统短路电流限制技术产生的原因与必要性，最后对限流技术与装置相关的政策法规与标准规范进行了说明。

1.1 短路电流水平现状

1.1.1 我国电力系统短路电流水平

电力网络常常因受系统自身原因或外部干扰的影响而发生事故或故障，给电力企业与用户造成严重的影响：2003 年 8 月 14 日，长达 30h 的美加大停电事故，其影响波及 240 万 km^2、5000 万人口的供电范围，造成了每天 300 亿美元的巨大经济损失，白宫将这次事故与“9·11”并提；2011 年 9 月 15 日，韩国经历了有史以来最严重的大停电事故，首尔、仁川、釜山、大田和庆尚道等地陆续突遭停电 212 万户居民受到影响，引起交通瘫痪、手机失去信号和公共场所陷入混乱等一系列恶性后果；2012 年 7 月 30 日，印度北部电网遭遇大面积停电，超过 3.7 亿人受到影响，31 日，在北部电网恢复停电不久，东部和部分北部电网又陷入瘫痪状态，影响 6 亿人供电；2018 年发生的巴西“3.21”大停电事故。造成巴西全网损失负荷 2174 万 kW，占当时负荷的 27%，巴西北部和东北部 14 个州 2049 个城镇供电受到严重影响，占该地区的 93%，南部 9 个州供电也受到一定影响。

近 20 年来，我国各大电网也发生过百余起的大停电事故，2006 年 7

月河南电网发生的大面积停电事故，据电力部门保守估计，经济损失高达数亿元。

在各种各样的电力系统事故中，短路是危及电力系统安全稳定运行、导致大面积停电事件最为常见的严重故障之一。所谓短路，指的是由于电力系统相与相之间或相与地之间的绝缘破坏后，形成非正常的低阻抗通路。流经此路径的电流为短路电流。即短路电流（short-circuitcurrent）是指电力系统在运行中，相与相之间或相与地（或中性线）之间发生非正常连接（即短路）时流过的电流，其数值远大于额定电流，并取决于短路点距电源的电气距离。如在发电机机端发生短路时，流过发电机的短路电流最大瞬时值可达额定电流的 10～15倍，短路点距离电源越近，短路电流就越大，极端情况下，发电机出口侧发生短路时，发电机短路电流最大可达额定电流的十几倍。系统越大，短路电流也会随之增长，这会对电力系统的正常运行造成严重影响和后果：短路故障常常危及电力系统安全稳定运行、严重者会导致大面积停电事故，造成系统瘫痪。

近年来我国电力系统的快速发展，我国电力系统已经实现全国联网格局，电能输送能力大大提高。用电负荷的增加、低阻抗大容量变压器的应用、发电机单机容量的不断增大以及各大区电网的互联等，使得现代电力系统中的短路电流水平不断提高，许多地区电网的短路电流水平已经直逼甚至超过电力规程所规定的最大允许水平，给电力系统安全、稳定运行以及电力系统中各种电气设备提出了更为苛刻的要求。

在某些重要场合，过高的短路电流已经成为电力系统安全稳定运行的重要障碍，也可以说，短路电流问题已经成为影响我国各大区域电网，特别是经济发达地区电力系统安全、稳定运行的严重隐患和急需解决的关键技术难题之一，甚至在某些情况下，已经成为制约现代化电力建设和进一步发展的瓶颈。如近年来华北电网短路电流超标问题日益严重，已成为制约区域电网发展的主要问题。

随着我国高压输电工程的建设，电力系统短路电流超标的问题将更为严重：越来越多的大型电厂直接接入 500kV 电网导致 500kV 变电站点短路电流水平逐年升高，负荷密集区域 500kV 主网的短路电流超标问题已成为电力系统安全运行的瓶颈，还会导致一些大型发电厂出口或厂站高压变电站出口的最大短路电流可能达到 100～200kA。

虽然在电力系统规划阶段，会根据系统参数和负荷计算短路电流水平，并作为电力系统内各类开关设备、元件和导体选择的重要基础和依据，所以各电力设备的设计容量能够耐受设计阶段的短路电流水平；然而在电力运行阶段，受系统发展的影响导致的短路电流水平的攀升，会直接影响断路器的遮断能力以及保护装置的动作可靠性，此外，电力系统的关键设备，如变压器等，其短路电流耐受能力也会随着短路电流水平的变化而受到影响，从而间接影响到电网的安全运行水平。

1.1.2 短路原因、类型与危害

产生短路的原因有很多，既有客观的，也有主观的，但是主要原因是电气设备载流部分的相间绝缘或者相对地绝缘被损坏。常见的短路原因有：

（1）由于设计、制造、安装、维护不当等造成的设备缺陷发展成为短路。如选择电缆截面太小或增加负荷使电路超载、过载，长期持续下去，就可能造成绝缘老化或者绝缘的完全失效，导致短路。

（2）假冒、伪劣电气设备的绝缘不合格。

（3）气候恶劣。低温导线覆冰引起架空线倒杆断线造成短路；架空线路弧垂不一致或弧垂太大，刮大风时会引起短路；雷电冲击使架空线路的绝缘子发生闪络短路；环境温度过高、机械损伤等。

（4）误操作引起的短路故障。工作人员违反操作规程带负荷拉刀闸，引起电弧短路；违反电业安全工作规程带电误合接地开关造成的短路故障；检修人员在检修低压带电开关设备时，距离带电体较近，未采取必要的安全措施防止短路造成故障。

（5）电缆、变压器、发电机等设备中载流部分的绝缘材料在运行中损坏。

（6）动物造成的短路。如鸟兽跨接在裸露的载流部分；老鼠窜入高压配电室造成短路故障；老鼠咬破置于管道中的电缆绝缘等。

在电力系统正常运行时，除中性点外，相与相之间或者相与地之间是绝缘的。在三相系统中，短路故障的基本类型为三相短路、两相短路、单相短路接地、两相短路接地等。其中，三相短路属对称短路，其他形式的短路均属不对称短路。在中性点直接接地的系统中，发生单相短路接地故障最为常见，大约占短路故障的65%；两相短路约占10%；两相短路接地约占20%；发生三相短

路故障的可能性最小，虽然只占短路故障的5%左右，却是危害系统最严重的。不同类型短路的特征也不同，具体如下：

（1）单相短路接地时，三相电压和为零，三相电流相等。

（2）两相短路时，非故障相电流为零，故障相电压相等、电流互为相反数（即电流和为零）。

（3）两相短路接地时，故障相电压相等，非故障相电流为零。

（4）三相短路时，三相电压和为零，电流和为零。

短路的危害归纳起来，有下述几点：

（1）当电路发生短路时，短路点的电弧有可能烧坏电气设备；同时短路电流会通过设备使其发热增加，当短路持续时间较长时，可能造成设备过热，甚至损坏绝缘，破坏设备。

（2）在供电系统中，短路电流，特别是冲击电流，使两相邻导体之间产生巨大的电动力。

（3）电力系统发生短路时，可能使并列运行的发电厂失去同步，破坏系统稳定，使整个系统的正常运行遭到破坏，引起大片地区的停电。这是短路故障最严重的后果。

（4）短路产生的电弧、火花可能引发恶性事故，如火灾、电击、爆炸等。

（5）短路故障发生后，短路点电压降为零，短路点附近各点的电压也明显降低，对用户工作影响很大。系统中最主要的负荷是异步电动机，它的电磁转矩同其端电压的平方成正比，电压下降时，电磁转矩将明显降低，使电动机停转，以致造成产品报废及设备损坏等严重后果。

（6）不对称接地短路所造成的不平衡电流，将产生零序不平衡磁通，会在邻近的平行线路内感应出很大的电动势，对通信造成干扰，并危及设备和人身的安全。

1.2 电力系统限流技术

为保证电力系统的安全可靠运行，减轻短路造成的影响，除在运行维护中努力消除可能引起短路的一切因素外，还应尽快地切除短路故障部分，使系统电压在较短的时间内恢复到正常值。为此，可采用快速动作的继电保护和断路器，以及发电机装设自动调节励磁装置等，然而，随着电力系统电压等级的提高，对断路器的要求也逐渐提高，如目前国际上成熟生产的 100kA 的 GIS 已属最大容量，国内尚无生产能力，为了限制短路电流超标，采取部分 220kV 电网解列的分层分区运行措施，但要真正解决问题，还得建立在 220kV 电网完全解环的基础上，这将大大降低系统的供电可靠性；另一方面，由于我国电网有采用 110kV（或 220kV）直配 10kV（或 20kV）的发展趋势，如南方电网公司已计划在广州市开始实施 110kV 直配 10kV 的配电网建设方案，杭州市电力局也准备开展 110kV（220kV）直配 10kV（20kV）的试点工程等，采用 110kV（或 220kV）直配 10kV（或 20kV）的配电方案，可有效提高供电可靠性、供电质量和降低线路损耗等，但这种方案会导致 10kV（20kV）侧短路电流过大，目前还没有相应大容量断路器可供选配，一旦发生短路，将遇到目前的断路器难以开断短路电流的难题。因此，加装短路限流装置或实行限流措施，可限制电力系统的短路容量，从而可以极大地减轻断路器等各种电气设备的负担，提高其工作可靠性和使用寿命，提高电力系统的运行可靠性。采取限制短路电流的措施已经成为必须。

宏观上讲，有效限制短路电流不仅可以解决电力系统短路容量超标问题，而且还能大大降低电网中各种电气设备如变压器、断路器等对短路电流的设计容量标准，也可以使原有受限的变压器、断路器等设备继续使用，从而带来经济效益和社会效益。电网内变压器等主要设备的短路电流耐受能力直接决定着电网的安全运行水平，在电网短路事故的冲击下，强大的短路电流会导致绕组过热，从而烧毁绝缘。此外，巨大的电动力会造成绕组变形，继而引发匝间、饼间短路，甚至造成更大的事故。因此，依据当前电网的实际容量和运行状况，对电网的当前短路电流水平进行计算，并对电力变压器进行抗短路能力校核，验证其动稳定及热稳定性能，并根据校核结果对抗短路能力不足的设备进行针对性的治理，对安全生产和有序供电具有重要意义。

1.2.1 限流技术国内外研究现状及其发展趋势

20 世纪 70 年代就有人提出了短路限流器，或称故障电流限制器（fault current limiter，FCL；或 current limiting device，CLD）。美国电力科学研究院

（electric power research institute，EPRI）在 20 世纪 90 年代初期，成立了一个专门的调查组织，面向电力系统和电力用户，针对电力系统短路电流及其抑制，做了一个深入的调查研究，研究报告认为研发故障电流限制器势在必行；国际大电网会议在 1996 年成立了专门的工作组（CIGRE working group A3.10）开始进行限流器的规范化研究。近年来，世界各国特别是发达国家，都投入大量人力、物力研究限流技术和开发具有良好限流性能的新一代限流装置。

20 世纪 90 年代初推出固态限流器方案后，国外在这方面的研究取得巨大进展。1993 年初，在美国新泽西州 Mort Monmouth 的 Army Power Center 的 4.6kV 交流线路上安装了一个由反并联 GTO 构成的 6.6MW 的固态断路器，平均工作电流为 800A，在发生短路故障 300μs 的时间内切断故障，起到了有效的保护作用。西屋公司与 EPRI 合作，制造出一台短路限流器（13.8kV，675A，与固态断路器 SSCB 组合），于 1995 年 2 月安装在 PSE&G 的变电站投入运行。

日本东北电力公司及日立公司研制了配电限流装置（distribution current limiting device，DCLD）的试验装置，并进行了试验。在实际试验装置中 GTO 开关放在密闭的容器中，采用液体自循环冷却系统。通过试验发现 DCLD 的动作十分迅速。在电流为 400A、电压 6.6kV、通过功率为 4570kW 的情况下，GTO 及二极管的损耗不大于通过功率的 0.2%，表明采用自循环冷却系统完全可行。

我国在固态限流器方面研究比国外起步晚，但也初步取得了一定成果。华东冶金学院的无损耗电阻器（Loss Less Resistor，LLR）式短路限流器研究取得一定进展并获得国家专利。华中科技大学研究的基于串联补偿作用的限流器也有了一定的基础。浙江大学对新型固态短路限流技术的研究工作起步于 1995 年，对适用于交流系统的限流技术进行了较为深入的研究，目前交流系统限流保护技术已完成了实验室的研究工作，并曾获得国家自然科学基金的支持，先后发展了直流短路限流技术、交流短路限流技术、新型桥式固态限流技术；在此基础上又发展了基于电力电子器件的变压器祸合三相桥式限流器、带旁路电感的变压器祸合三相桥式限流器、变阻抗耦合变压器三相桥式限流器等，并获得了多项专利技术成果，拥有自主的知识产权。浙江大学进行了大量的仿真研究和各种工况下实验室样机的小容量实验，取得了满意的结果。目前 380V/200A 样机和 400V/250A 双向潮流情况下的固态限流器样机均已通过验收，10kV/500A 带旁路电感的桥式固态限流器的实验正在进行中。

随着电力电子器件的性能提高和造价降低，以电力电子器件为核心的FACTS装置的造价会大大降低，将比常规的输配电方案更具竞争力。应用电力电子技术的固态限流技术，不仅能限制控制短路电流值，而且利用固态开关的特性，可在一个工频周期左右的时间内实现短路电流的快速无弧切断，并由于电流过零时自然关断，可避免或极大地减少断开短路而引起的暂态过电压。

对于高温超导短路电流限制器，国际上适应配电系统的高温超导限流器的技术性能已经接近应用水平，但大体上仍处在示范试验阶段。

1995年美国Lockheed Martin公司研制出一台额定值为2.4kV/80A的桥路型高温超导限流器，它可将最大短路电流从2.2kA限制到1.11kA。通用原子能公司（General Atomics）、磁通用公司（Inter magnetic General Cooperation）、LANL与南加州爱迪生公司（SCE）合作研制额定值为15kV/1200A的商用超导故障限流器，根据设计，它可将最大短路电流从20kA限制到4kA。日本中央电力试验研究所从1995年开始研究用Bi系材料研制磁屏蔽型限流器。日本电力公司与东芝合作计划研究500kV/8kA超导限流器。ABB瑞士研究中心1996年成功地研制出一台10.5kV/70A三相高温超导限流器，该限流器成功地将短路电流从60kA限制到700A，并于1997年安装在洛桑一家变电站进行长时间试验运行；2002年，ABB公司又成功研制出单相6.4MVA的电阻型超导限流器原型样机。德国西门子与加拿大Hydro–Quebec合作，1999年完成利用YBCO薄膜研制0.77kV/135A电阻型限流器；在此基础上，2000年完成了1MVA限流器的研制，现正在研制12MVA电阻型限流器原型样机。我国中科院电工研究所自1995年以来，开展了超导限流器的研究，1998年研制成功一台lkV/100A的桥路型超导限流器样机。2001年6月，成功研制出一台400V/25A的新型混合型三相高温超导限流器样机。2005年，中科院电工研究所与中国科学院理化所、湖南省电力公司、湖南电力试验研究院、湖南娄底电业局等机构共同研制出中国首台10.5kV/1.5kA新型桥路式高温超导限流器。于2005年8月安装在湖南娄底的110kV/10.5kV变电站中进行短路和运行试验。2007年，天津机电工业控股集团公司和北京云电英纳超导电缆有限公司联合承担的市科技创新专项资金项目35kV超导限流器研制成功，并于2007年8月在云南省普吉变电站进行并网试运行。

随着灵活交流输电技术的发展，高温超导限流器在供配电网的应用研究已成为 21 世纪电网技术发展的前沿课题之一。高温超导限流器可以用在母联开关、进线/出线断路器、发电机出口断路器等处。若高温超导材料的研究、生产工艺和性能取得新突破，低交流电损耗的大电流超导电缆、高电压高温超导交流电缆及高温超导线“失超”传播和保护等问题能得以解决，那么就高温超导强电应用而言，高温超导限流器在电力系统中具有广阔的应用前景。

新一代短路限流器根据其构成原理可分为高温超导短路电流限制器、磁元件限流器、PTC 电阻限流器和固态限流器等，其中目前研究较多的是超导限流器和固态限流器。

高温超导限流器（High Temperature Superconducting Fault Current Limiter，HTSFCL）集检测、触发和限流于一身，是目前最理想的限流装置之一。当系统正常运行时，超导体的电阻几乎为零；一旦电网发生短路，短路电流大于超导临界电流时，超导体快速失超（毫秒级），产生非线性高阻抗，可将短路电流限制到额定电流的 2～5 倍的水平。当线路故障被排除后，HTSFCL 可自动复位，且复位速度快，为下次限流做好准备。

目前，故障短路限流器的研究开发已经取得了非常显著的成绩，在限流理论较为成熟的基础上，一些样机也已投入实验运行并取得了良好的效果。在广泛的范围内，故障短路限流器的装置开发及其工程化应用研究等也已成为业内的热门问题。

1.2.2 电力系统限流技术问题

总体来说，限制电力系统短路电流，可从调整电网结构、改变电力系统运行方式和加装限流设备等方面予以考虑，具体方法包括：

（1）调整电网结构，进行电网分层、分区运行。将下一级网络分成若干区，以辐射状接入更高一级电网，大容量电厂也直接接入更高一级电网中，这样，原电压等级电网的短路电流将随之降低。如在发展 500kV 电网的基础上，对 220kV 电网实施分层、分区运行，是限制短路电流最直接有效的方法。

（2）在保证电力系统稳定性前提下改变电力系统运行方式。变电站内采用母线分段运行方式，打开母线分段开关，使母线分列运行，可以增大系统阻抗，从而有效降低短路电流水平。该措施实施方便，但会削弱系统的电气联系，降低系统安全裕度和运行灵活性，也可能引起母线负荷分配不均衡。

（3）加装变压器中性点小电抗。中性点小电抗虽然对于减轻三相短路电流无效，但对于限制不对称短路电流的零序分量具有明显效果。在变压器中性点加装小电抗，施工便利且投资较小，在单相短路电流过大而三相短路电流相对较小的场合应用很有效。不过，中性点小电抗仅对降低220kV电网局部区域单相短路电流的作用较大。

（4）采用高阻抗变压器和发电机。采用高阻抗发电机会增大正常情况下发电机自身的相角差，对系统静态稳定不利；再者，漏磁增加，故障初期的过渡阻抗增大，因转动惯量减小将进一步使系统动态稳定性下降。采用高阻抗变压器也同样存在类似问题。因此，是否采用高阻抗变压器和发电机，需要综合考虑系统的短路电流水平和稳定问题。

（5）采用限流熔断器。利用熔断器的快速性可将短路电流在到达第一个峰值前强行限制。由于限流熔断器分断能力有限，只能用于35kV以下电压等级，在输电系统还没有应用的可能；而且，熔断器熔断时会产生操作过电压，需配合氧化锌电阻、负荷开关共同使用。

（6）采用串联电抗器。加装串联电抗器可有效限制短路电流，但会造成正常情况下的无功消耗，必须另加无功补偿设备。利用可控硅技术，可实现正常运行时串联电抗器的零阻抗，但目前受单个半导体器件的容量所限，必须采用串并联方案，有关技术和经济可行性问题尚待进一步研究。

（7）采用直流背靠背技术。交流系统的短路电流含有无功分量，而直流系统只输送有功功率。通过直流系统将已有的交流系统适当分片，即在同一地点装设整流、逆变装置而不需架设直流输电线路，将电网分成相对独立的几个交流系统，避免系统间相互的短路电流，可以很好地限制短路电流水平。

（8）更换断路器。提高断路器的遮断容量，选择开断电流水平高的断路器，也不失为一种解决办法，但开关设备造价昂贵，同时需要对相关输变电设备进行改造，总投资较大。

一般来讲，限制短路电流和切断短路电流的设备功能存在本质的区别：限制短路电流一般不具备把故障电流断开的功能；而断路器从本质上讲是一个开关，作用是将故障线路断开。因此可将上述技术措施分两类，一类是限流技术；一类是开断技术。对于日益增大的短路电流水平，一种办法就是更换更大容量的基于断路器以及加装相关的电气设备来保证电网的安全，目前常见的限流开断技术有四种：高压熔断器、静止型断路器、短路电流限流开断器以及混合式限流断路器。

（1）高压熔断器。高压熔断器的优点是选择性比较好，只要符合过电流选择比 1.6:1 的要求，就能选择性的切断故障电流，所以其限流特性好，尺寸相对于其他比较小，价格便宜，但是它保护功能单一，不能对短路故障和过电流故障进行分辨，不可控，熔断后必须更换。

（2）静止型断路器。可精确控制通断、可遥控、开断时间短、无声响、无弧光、无关断死区、使用寿命比较长；但造价比较高，设备的过电压、过电流情况时常发生，对元器件损耗比较大，所以工艺要求高，对其绝缘水平比较高。

（3）短路电流限流开断器。该装置在检测机构上采用了大电流传感器及检测装置，误差小，故障检测速度快，能在故障电流没达到峰值就将其切断，保护性能好。但是一旦发生短路故障，熔断器就会熔断，只能单次动作，得更换熔断器以及相关的电气设备才能继续投运，所以成本高，并且在更换设备期间，电网的可靠性大大降低。在驱动结构上，采用爆破法高速断开触头，机械斥力对动、静触头的分开产生一种有用的推力，帮助动触头快速达到其冲程终点，带有巨大的能量，这会对断路器的外壳产生很大的冲击，有可能损坏外壳在检测机构上，如果存在周期性干扰信号时，就可能造成误操作，另外，检测速度是快速动作的另一个制约条件，当算法复杂时，影响检测速度。

（4）混合式限流断路器。与以上限流断路器相比较，混合式限流断路器除采用了合理的换流回路和自然换流方式以外，还运用了快速机械开关。为实现短路电流限流目的，采用了具有快速开断能力的断路器，由充电电容通过线圈的瞬时放电，在共轴的固定与可移动线圈上流过方向相反的电流，这样，在线圈中就产生电流磁场并且形成涡流，从而在动、静两个触头上产生较大的斥力，保证了断路器触点的快速开断。由于电力电子器件只在断路器断开的瞬间导通，平时几乎没有损耗，所以省却了笨重的冷却设备，降低器件的功耗。混合式限流断路器控制电路比较复杂，续流回路和主回路之间要求严格的配合，续流回路采用可控硅等半导体器件，造价相对较高，快速电流检测实现困难。

限流型断路器常用的限流方式可以分为下述几种：

（1）人工零点法。利用电弧产生人工零点，使得弧隙中的电流为零，从而使电弧熄灭。同步控制技术实现的关键是电压电流信号过零点的检测、断路器分合闸时间的计算、移相延时时间的计算，以期为断路器提供准确动作时间。

（2）电弧静态伏安特性法。通常采用去离子栅法、绝缘栅法、窄缝法及VJC法等。去离子栅法就是利用金属栅片把电弧分割成若干个互相串联的短弧，利用短弧的压降来电弧电压而使电弧熄灭。绝缘栅法即栅片是绝缘的，其作用是导出电弧的热量，以电弧的弧柱压，同时，栅片将电弧分割成若干段的短弧，每一栅片就是短弧的电极，同时产生很多个阳极压降和阴极压降，对直流电弧而言，利用近极处的电弧电压降加弧柱的电压降一起灭弧。窄缝法通常采用多重窄缝，这样可以减少电弧进入上部窄缝的阻力，因而在驱动电弧运动的电磁力给定时，可以采用比单窄缝灭弧室更小的缝隙，一方面可将电弧直径压缩，使电弧同缝隙壁紧密接触；另一方面，也使电弧面积增加，长度增长，这些都进一步加强了冷却和去游离的作用，使电弧熄灭。金属蒸汽喷流控制技术（Vapour Jet Control, VJC）主要是在电极的周围笼盖一定厚度的绝缘物或高电阻金属材料，从而对电弧弧柱进行控制，以达到升高电弧电压的目的。固体绝缘屏幕法是利用一固体绝缘屏幕快速插入到分断故障电流的触头中，使触头间燃烧的电弧被屏幕隔开而迅速熄灭。以上这些方法通常综合使用，如VJC及多窄缝法，以取得更好的限流分断的效果。

（3）触头分断速度法。通常利用巨大的断开弹簧或其他加速装置将触头拉开，或利用储能的电容器对斥力线圈放电在铝盘中感应出涡流来产生巨大电动斥力，将动触头打开，与此同时，尽量加快脱扣器的动作及机构的动作，以达到高速分断的目的，这样，分离时所需时间越小，则限流作用就越大。在20世纪60年代，电力电子器件就被引入到电器中。现在，已有无触头的晶闸管断路器、触头—晶闸管并联的混合式断路器在某些国家得到开发，并有一定程度的应用，但因为电力电子器件存在导通压降大造成能耗高、分断电器不能形成间隙绝缘间隔、过载能力差等问题，这些使其构成的无触点电器不能大量应用。

当然，无触点电器本身具有操纵率高、开关速度快、控制功率小、噪声低、寿命长的特点，适合某些特殊的工作场合使用。在限流中，主要采用带触头的混合式，如触头—晶闸管并联的混合式断路器，具有触头正常导通时压降能耗小的特点，再利用电力电子器件的开断时间短的特点，进一步缩短电流的开断时间，从而实现限流分断。在断路器设计中，使用电力电子器件，主要要考虑器件的电流和电压的参数。早期使用晶闸管，但它不能自关断，需要换流关断，造成电器的体积增大。目前，通常考虑自关断的器件，如 IGBT（绝缘栅双极晶体管），GTO（可关断晶体管）等。

不过，更换断路器设备投资巨大，在更换设备期间，电网系统的可靠性大大降低，而且目前满足容量要求的设备，随着电力系统的建设与发展，设备容量就可能不能满足短路电流水平了，而且目前随着我国高压输电工程的建设，对断路器的要求日益增高。另一种办法就是利用某些技术来限制短路电流的大小，常规做法是在电网中串入限流器。

电力系统是个很复杂庞大的网络，应用在电力系统中的限流器装置至少应具有如下特性：

（1）线路正常运行时，限流装置应对供电线路无明显（不利）影响。

（2）线路发生短路故障时，限流装置应能立即投入工作，并有效地限制短路电流至符合当地电网及电气设备安全的合理值。

（3）当系统保护装置切除短路故障时，限流装置应不会引起系统暂态振荡和过电压。

（4）有利于改善重合闸操作。

（5）能实现方便快捷的多次动作目标。

（6）合理的成本价格。

第2章　现代电力系统短路电流及其影响因素

近年来，为避免环境污染和能源枯竭问题，新能源和清洁能源正在逐步进入发电领域，其中，风能和太阳能发电具有应用环境清洁友好等诸多优点而迅速发展，发电占比不断攀升，然而，风力发电和光伏发电也有不足，如易受季节、地形和气候等因素的影响，输出具有随机性、间歇性、不稳定性等，不过，风光联合发电再加储能设备构成风光储互补系统可以弥补上述不足：充分利用风能和太阳能在时间、空间上的互补性，一般情况下，白天晴天光照强而风速小，夜间风速大而光照弱，夏季光照强而风速小，冬季风速大而光照弱，加上储能装置进行能量调节，能获得比较稳定的总输出，对电网的冲击相对较小，增加了电网对风能、太阳能的接纳程度。

鉴于风能和太阳能在时间和地域上天然具有的强互补特性，这一类清洁能源正在逐步替代传统的化石能源。为此，越来越多的新能源和分布式电源接入电网。这种新能源、分布式电源以及高压远距离输电系统的介入，对现有系统的稳定性、安全性和可靠性带来了考验和冲击。

本章分析了新能源、分布式电源以及特高压输电技术对电力系统短路电流水平的影响及计算模型，总结了短路电流对系统的危害，最后配以工程案例说明。此外，还分析了短路电流直流分量造成断路器开断失效事件，为给同类电网提供参考。

2.1 新能源发电与分布式电源对短路电流的影响

2.1.1 新能源并网对电力系统短路电流的影响

2.1.1.1 新能源并网对电力系统的影响

1. 对电能质量的影响

新能源发电一般接在配电网侧，并根据其自身需要启动和停运，新能源发电单元的频繁启动会使配电线路的负荷潮流变化大，从而加大了电压调整的难度。新能源发电采用大量的电力电子装置，电压的调节和控制方式也与传统电网方式有很大不同。

2. 对继电保护的影响

配电网中大量的继电保护装置早已存在，很难为新增的分布式发电装置而做大量改动，分布式发电装置必须与之配合并适应。当配电网的继电保护装置具有重合闸功能时，若配电网系统故障，分布式发电装置的切除时间必须早于重合时间，否则会引起电弧重燃，使重合闸不成功。当分布式发电装置的功率注入电网时，会使原来的继电保护区缩小，从而影响继电保护装置的正常工作。如原配电网继电器不具备方向敏感功能，则当其他并联分支故障时，会引起安装有分布式发电装置的分支继电器误动，造成该无故障分支失去主电源。在含有分布式发电装置电源的配电网中，继电保护装置的协调与控制方式与分布式发电装置的具体安装位置和容量大小密切相关。

3. 对短路电流的影响

分布式发电装置接入配电网侧装有逆功率继电器，正常运行时不会向电网注入功率，但当配电系统发生故障时，短路瞬间会有分布式发电装置的电流注入电网，增加了配电网开关电流，可能使配电网的开关短路电流超标。因此，大功率分布式发电装置接入电网时，必须事先进行电网分析和计算，以确定分布式发电装置对配电网短路电流的影响程度。

4. 对可靠性的影响

分布式发电装置有时会对可靠性产生不利影响，有时也会产生有利的作用，要视具体情况而定，不能一概而论。不利情况为：大系统停电时有些分布式发电装置的燃料会中断，或供给分布式发电装置辅机的电源会失去，分布式发电装置会同时停运，无法提高供电的可靠性，分布式发电装置与配电网的继电保护配合不好，可能使继电保护误动作，使可靠性降低；不适当的安装地点、容量和连接方式也会使得配电网可靠性变低。有利情况为：分布式发电装置可部分消除输配电网的过负荷和堵塞，增加输配电的输电裕度；在适当的分布式发电装置布置和电压调节方式下，分布式发电装置可缓解电压骤减，提高系统对电压的调节性能；特殊设计的分布式发电装置可使它在大容量输配电系统发生故障时，分布式发电装置仍能保持运行，都有利于提高系统的可靠性水平。

5. 对系统网络损耗的影响

分布式发电装置的接入使配电网中各支路的潮流不再是单方向流动，这一现象的出现将引起系统网络损耗发生变化，使网络损耗不但与负载等因素有关，还与系统连接的分布式发电装置的具体位置和容量大小密切相关。对嵌入分布式发电装置的配电网系统网络损耗分配问题进行探讨，分布式发电装置的嵌入将引起网络损耗的增大。原来的一些算法均没有计及无功潮流，并且硬性地忽略网络损耗与传输功率之间的非线性关系，且把网络损耗全部归于网络的使用者，没有把分布式发电装置造成的网络损耗增大或减小真正地与分布式发电装置方的利益联系起来。

6. 对配电系统的实时监视、控制和调节的影响

原先配电系统的实时监视、控制和调度是由供电部门统一来执行的，由于原配电网是一个无源的放射形电网，信息采集、开关的操作、能源的调度等相应比较简单。分布式发电装置的接入使实时监视、控制和调度过程复杂化，需要增加信息，这些信息是作为监控信息还是作为控制信息，由谁来执行等，均需要依据分布式发电装置并网规程重新给予审定，并通过具体分布式发电装置的并网协议最终确定。

2.1.1.2 光伏发电短路电流

光伏发电作为分布式电源接入配电网中，会改变其附近节点的短路容量。光伏电池需要通过逆变器实现并网，当电网发生短路故障时，光伏电源对系统短路电流的影响取决于逆变器的控制策略。光伏逆变器控制系统包括PQ 解耦控制和电流控制，其中，采用电流控制可以使控制光伏电源输出电流和电压与电网保持相同的频率和相角。

系统短路时，光伏电源提供的短路电流可表示为

$$\dot{I}_{kPV} = \dot{E}_{PV} / X_{PV} \tag{2-1}$$

式中：$\dot{E}_{PV}$ 为光伏电源等效电动势；X_{PV} 为光伏电源到短路点处的等效阻抗，包括线路及变压器的等效阻抗。

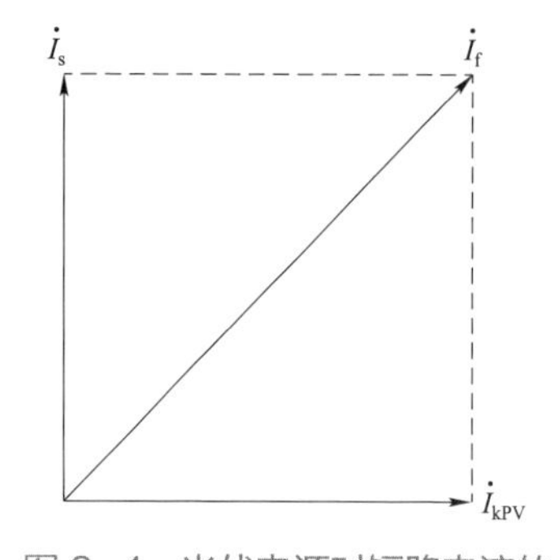

图 2-1 光伏电源对短路电流的合成作用 1

$\dot{I}_s$ —主系统提供的短路电流；
$\dot{I}_{kPV}$ —光伏电源提供的短路电流

配电网发生短路故障时，由于短路电流是感性无功电流，系统主电源提供的短路电流和电压相差近 90°，此时，若在逆变器控制下，光伏电源输出电流仍与端口电压保持接近为0的相位差，导致光伏电源提供的短路电流同系统主电源的短路电流相差近 90° 的相角差时，两者矢量合成后的短路电流增大的幅值较小，具体见图 2-1。

当光伏电源经逆变器控制后，功率因数滞后并向系统输出感性无功功率，短路时，则光伏电源会向系统注入感性无功电流，此时，光伏电源提供的短路电流同系统主电源的短路电流的相角差小于 90°，矢量合成后的短路电流增大的幅值较大，具体见图 2-2。

对比图 2-1 和图 2-2 可见，当光伏电源经逆变器控制，以功率因数滞后状态向系统提供感性无功功率后，光伏电源对系统短路后的影响更大些。

当光伏电源运行在功率因数超前状态时，从电网吸收感性无功电流，从而导致光伏电源提供的短路电流同系统短路电流的相角差大于 90°，两者合成导致短路点的短路电流减小，具体见图 2-3。

可见，不同的光伏逆变运行策略下，光伏电源对系统短路电流的影响作用不同，一般来说，当考虑光伏电源提供短路电流时，取额定电流的 1.2～1.5 倍。

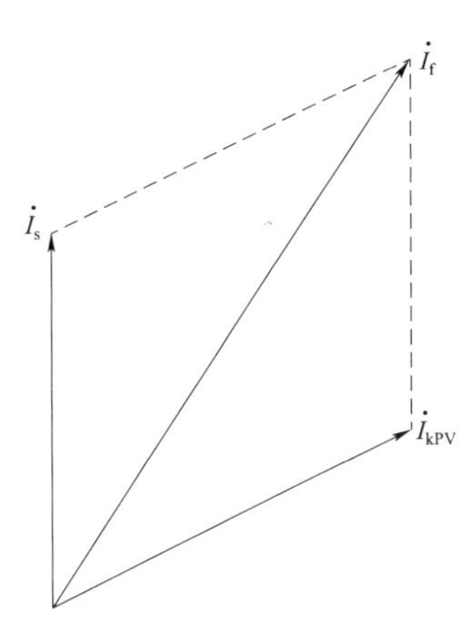

图2-2 光伏电源对短路电流的合成作用2

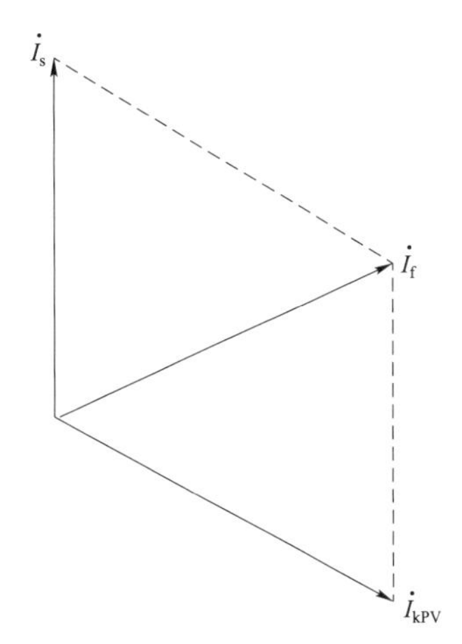

图2-3 光伏电源对短路电流的合成作用3

2.1.1.3 风力电源短路计算影响因素

目前风力发电多采用双馈风电机组（doubly-fed induction generator，DFIG），而双馈风电机组的短路电流特性与其本体保护撬棒保护的动作行为直接相关，许多研究者对此进行了研究，其中以我国学者尹项根提出的双馈风电机组短路计算模型较为全面，提出了考虑撬棒保护动作、网侧换流变压器交流和双馈风电机组励磁调节特性影响的计算模型，并认为双馈风电机组接入系统时，故障电流具有下述特征：

（1）在不同的控制策略下，电网发生三相对称故障时，DFIG 故障电流计算模型均相同；电网发生不对称故障时，其故障电流计算模型受到控制策略的影响而不同。

（2）计及网侧变流器（grid-side converter，GSC）电流和控制策略影响的 DFIG 在故障网络中可等效为受控电流源模型。在平衡定子电流的控制策略下，无论电网发生对称或不对称故障，DFIG 均等效为受控正序电流源。在其他控制目标下，当电网发生对称故障时，DFIG 等效为正序受控电流源；在不对称故障条件下，DFIG 等效为正序和负序受控电流源。

（3）GSC 电流对 DFIG 故障电流有一定的影响，且其电流的大小和相位与转子转速有关。对含 DFIG 的电网进行精确故障分析和整定计算时，GSC 电流不能直接忽略。

2.1.2 分布式发电对电力系统短路电流的影响

2.1.2.1 分布式发电对电力系统的影响

1. 对电力系统电压的影响

当分布式发电接入电网后，配电网由先前的辐射状结构转变为多电源结构，导致电流的大小和方向均会发生变化，进而使电力系统稳态电压发生变化，使得原有的电压调节方案不再满足系统的要求。并且，当周边用户共用一台配电变压器时，提高变压器二次侧电压可能导致其他用户电压升高，接入分布式电源后原本存在于变压器下游馈线上的电压降可能被分布式电源并网后产生的双向潮流消除，从而使用户侧的电压高于变压器一次侧电压；并网后，压降补偿装置的测量负荷比实际值要少，进行电压补偿时未能计量到分布式电源并网带来的负荷，导致补偿目标值比实际值低，并最终导致用户侧电压降低。

因此，需要充分评估新系统的电压特点，重新制订调压方案，防止分布式电源接入电网后对用户造成不良影响。由于分布式电源的接入使配电网馈线上的电压分布产生变化，变化情况与分布式电源接入位置和电源本身容量大小有关。分布式发电对电力系统电压影响主要表现在以下两个方面：

（1）接入分布式电源之后，配电网馈线上的电压分布发生改变，并与分布式电源接入位置及电源本身容量相关。

（2）稳态背景下，输出分布式电压使馈线各负荷节点处电压升高。

2. 对电能质量的影响

分布式发电会用到很多电力电子器件，从而增加很多非线性负载，易使电网产生电流、电压波形的畸变等现象，具体来说主要有以下两点：① 分布式发电接入配电网后，依据用户在实际用电中的即时需求，无规律性频繁地接入或退出电网运行，如果分布式电源本身功率较大，就会在电源启动后使电网内电压出现短时间的剧烈变化，即电压闪变，从而给整个系统的电能质量带来负面影响；② 电力电子器件的使用会给系统带来谐波污染，而电力电子器件数量越多则谐波的幅度受到的影响越大，从而降低电能的质量。

此外，分布式电源发电量若不稳定的话，还会使电网的电压经常发生波动，导致配电线路上的潮流变化很大，从而加大电压调整的难度，在配电网中任何由谐波的瞬间电压凹陷和扰动引起的偏离都会导致电能质量的下降。电压调节的失衡可能导致设备的不正常运行或损害。

电压闪变是分布式电源功率输出的不可控性及间歇性引起的，当电机频繁启停或功率输出变化很大时，都能在用电设备上有明显的现象，如白炽灯的闪动。如果电压闪变超过了最小阈值时就要进行相应动作去减少电压闪变的影响，对于分布式电源并网系统，较为简单的办法是改变分布式电源输出功率分布和并网的启停次数。谐波也是衡量电能指标的重要参数，较大谐波电流能引发电气元件的过热而影响正常运行。不同于升压变压器接地后能较好地限制谐波，分布式电源的引入导致需要对谐波限制的实际位置进行测量和模拟分析。

3. 对继电保护的影响

很多配电系统未接入分布式发电之前，都以放射状存在，运行过程简便，很容易实现过电流保护。完成分布式发电接入工作之后，会使电网网络结构发生改变，使潮流由单向流入负荷转变为多个方向，在电网中原本存在的继电保护装置难以重置，导致保护范围受到影响，也会对原有继电保护产生干扰：

（1）若分布式发电有故障电流存在，会使流过馈电继电器的电流减小，使继电保护失效。

（2）因为分布式电源呈现不规则特性，倘若馈线存在故障问题，会使相邻无故障馈线出现误动跳闸问题。

（3）接入分布式发电，会使原配电网故障水平发生改变。因而，需要升级断路器等保护装置，有效消除相关问题。

4. 对电力市场的影响

当前，分布式发电方式呈现多样化特征，提高了电力市场竞争力。用户可依据实际需求，对供电方式进行合理选择。同时，用户也可采用自主发电、蓄电等方式，实现用电成本控制。电力企业也要制定灵活的电力销售机制，促进电力市场发展[6]。

5. 对短路电流计算的影响

分布式电源并网运行时，虽然为防止向配电网注入功率而加装逆功率继电器，但是当配电网出现故障时，原来的单电源网络变成双向的故障电流。短路电流和短路方向也发生变化，在构建短路电流计算模型时还需要考虑分布式电源的分布位置与容量。

6. 对变压器的影响

变压器的接地设计与分布式电源并网是否会对电网产生影响是有紧密联系的，不合理的接地会导致配电网电压升高或过电压的情况。如果分布式电源并网不是有效接地时，电力系统就会出现过电压，变压器中性点接地时分布式电源必须有效接地，如果不是有效接地，配电网中出现故障时必须去进行瞬间重合闸操作并迅速使电压降低的有效操作。

7. 对网络损耗的影响

分布式电源（Distributed Generation，DG）可能增大或减少网络损耗，这取决于 DG 的位置、容量、负荷量的相对大小以及网络拓扑结构等因素。在负荷附近接入 DG 将使整个配电网的负荷分布发生下述变化：

（1）配电网中所有负荷节点处的负荷量均大于该节点 DG 的发电量时，网络所有线路的损耗减小。

（2）配电网中至少有一个负荷节点处的负荷量小于该节点 DG 的发电量，但整个配电网的总负荷量大于所有 DG 的发电总量时，可能导致某些线路的损耗增加，但总体线路损耗将减小。

8. 对系统稳定性影响

分布式电源并网会给电力系统稳定性运行、系统调节带来难度，当配电网出现电力供应中断时，多注入的分布式电源负荷不但不能提高分布式电源的可靠性甚至会降低系统整体运行的稳定性。分布式电源并网与传统集中式配电网结合共同组成一个高效率可调节的系统，提升了对二次能源利用效率，在负荷集中较大的区域接入分布式电源可以缓解实际输电线路上输送功率的压力，同时分布式电源并网配合现有的配电网也能缓解如脉冲、浪涌、电压跌落，并在供电中断时提供可调节措施及后备电力供应保护。但大量分布式接入同时也导致了电感、电容的引入，原配电网的一级式拓扑结构受到影响，外界负荷的扰动影响整体电压和频率的不同步，严重时会使系统失调，甚至崩溃。

9. 孤岛效应

分布式电源并网是通过逆变器的换流作用将分布式发电的直流电变换成交流电形式，再输送到配电网上，当配电网出现供电故障时，此时分布式电源仍向配电网输送功率，独立于配电网外正常运行并且与本地负荷连接处于孤立运行状态，这种现象称为孤岛效应。分布式电源并网产生孤岛效应对配网运行带来如下不利影响：

（1）孤岛效应导致配电网中电压及其频率失调，当发生孤岛效应时，分布式电源并网装置没有自主调节电压和频率的能力，这时系统中的电能指标就会出现波动，对配电网整体运行带来隐患。

（2）分布式电源出现孤岛效应后重新并入配电网时，自动重合闸时系统中的分布式电源器件（如并网逆变器）的接入与配电网接入有延时，导致接入并不是完全同步，接入瞬间断路器将承受极大的冲击电流对设备造成损害，当电流过大时甚至会使配电网直接跳闸。

（3）孤岛效应发生时，分布式电源的输出功率和负荷需求是一个动态变化的指标，孤岛效应允许的持续时间一般是很短，极小可能性下存在长时间的孤岛运行状态，对于保障正常供电的自动或手动重合闸来说，自动重合闸的安全性更高，同时也对技术标准提供了更高的要求。

（4）孤岛效应发生时，与电源断开的线路重新带电运行，对于电力维护人员的安全性危害更大。持续几秒钟的孤岛效应就可能造成维护人员受到电击的风险。

10. 对潮流的影响

分布式电源并网运行时，潮流流向分为双向潮流和单向潮流两种，分布式电源发电量是根据实时的自然条件决定的，其发电量是波动性的。为了保障电力用户的正常用电负荷，分布式电源并网会与配电网相互输送电能。在分布式发电不足时，配电网向分布式电源补送电能，此时为单向潮流；当分布式电源电力盈余时，额外的电能就会向配电网输送，此时为双向潮流。

单向潮流系统中，对于分布式电源盈余的电能需要判断是否会以双向潮流进入配电网，在此时需要配电网及时的平衡线路上的有功功率。

2.1.2.2　基于同步发电机的分布式电源对短路电流的影响

基于同步发电机的下分布式电源等效电路图如图2-4所示。

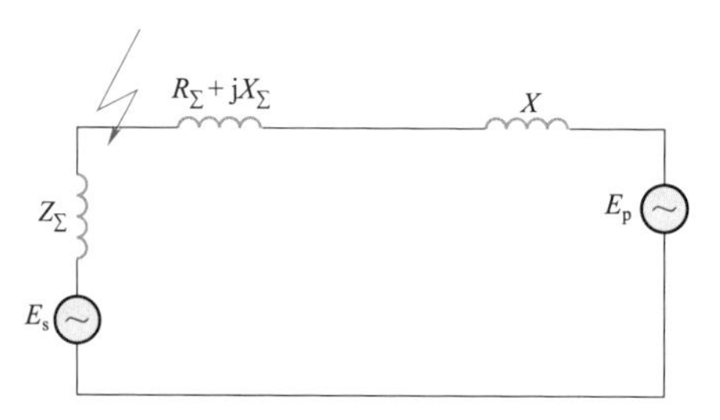

图 2-4 基于同步发电机的分布式电源等效电路图

在图 2-4 中，E_s 为系统侧电源，E_p 为分布式电源，且有

$$E_p=\sqrt{\left(U_1+\frac{QX}{U_1}\right)^2+\left(\frac{PX}{U_1}\right)^2}=\sqrt{U_1^2+\frac{(P^2+Q^2)X^2}{U_1^2}+2QX} \tag{2-2}$$

其中，同步发电机输出的有功功率 P 和无功功率 Q 的表达式为

$$P=\frac{3EU_1}{X_s}\sin\theta \tag{2-3}$$

$$Q=\frac{3E_pU_1}{X_s}\cos\theta-3\frac{U_1^2}{X_s}=\sqrt{\left(\frac{3E_pU_1}{X_s}\right)^2-P^2}-3\frac{U_1^2}{X_s} \tag{2-4}$$

可得

$$4E_p^4-5U_1^2E_p^2+U_1^4+X_s^2P^2=0 \tag{2-5}$$

假定同步发电机采用 PV 控制，P 为恒定值，求解式（2-4）可以得到

$$E_p^2=\frac{-5U_1^2+\sqrt{9U_1^4-16X_s^2P^2}}{8} \tag{2-6}$$

同步发电机提供的短路电流为

$$I=\frac{E_p}{j(X_s+X_\Sigma)+R_\Sigma} \tag{2-7}$$

将式（2-6）代入式（2-7），得到

$$I=\sqrt{\frac{-5U_1^2+\sqrt{9U_1^4-16X_s^2P^2}}{8(X_s+X_\Sigma)^2+8R_\Sigma^2}} \tag{2-8}$$

式（2-8）表明，短路电流是有功功率 P 和定子电抗 X_s 的减函数。

2.1.2.3　基于异步发电机的分布式电源对短路电流的影响

基于异步发电机的分布式电源等效电路图如图 2–5 所示。

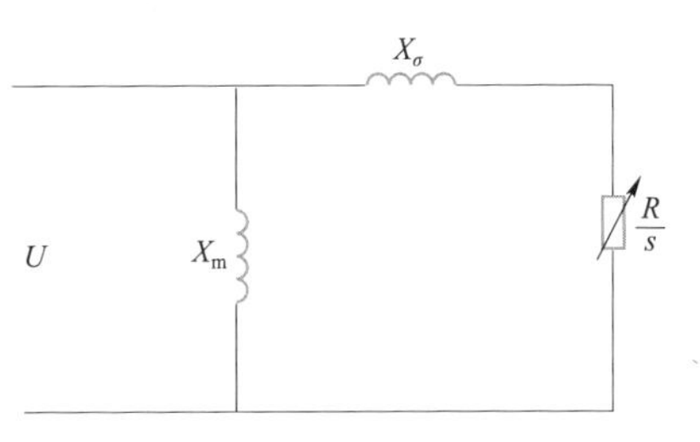

图 2–5　基于异步发电机的分布式电源等效电路图

图 2–5 中，X_σ、X_m 分别为异步发电机的漏抗和励磁电抗，s 为转差率，U 为发电机端电压。当外电网发生故障时，原动机转速由于惯性不能突变，即转子转速不能突变，在外电网故障后短时间内异步发电机转差率不会突变。异步发电机的正常转差率为

$$s=\frac{R(U^2-\sqrt{U^4-4X_\sigma^2P^2})}{2pX_\sigma^2} \tag{2–9}$$

$$\frac{R}{s}=\frac{(U^2+\sqrt{U^4-4X_\sigma^2P^2})}{2p} \tag{2–10}$$

可以看出 R/s 的值取决于正常运行时的电压 U、功率 P 和漏抗 X_σ。在含异步发电机的配电网中发生三相短路的情况有两种，见图 2–6 和图 2–7。

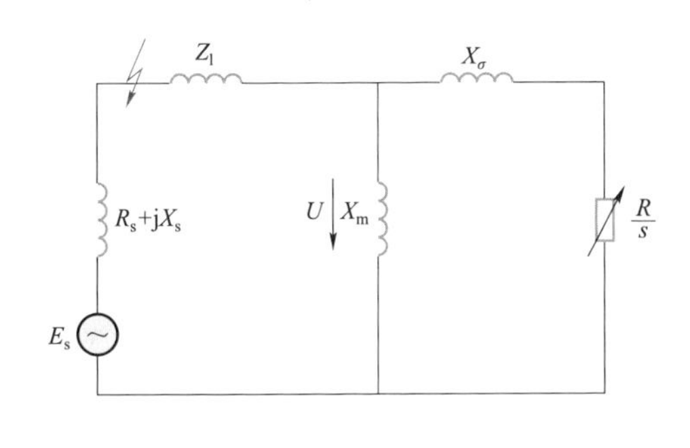

图 2–6　第一种情况故障结构图

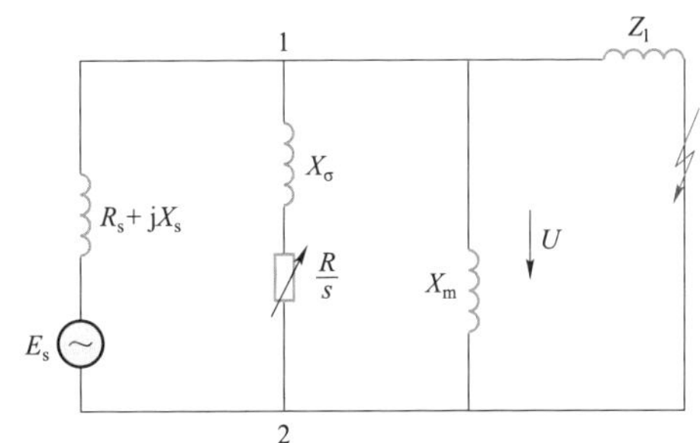

图 2–7　第二种情况故障结构图

图 2–6 和图 2–7 中，E_s 为除去异步发电机之外的主电网对故障点的等效电压，R_s+jX_s 为对应的等效电抗。在第一种故障时，异步发电机端电压为零，无法建立磁场，这种情况下，异步发电机不能提供短路电流。在第二种情况下，异步发电机端电压不为零，这时才会向故障点提供短路电流。

由于异步发电机主磁通受磁路饱和的影响，励磁电抗值并不是一个定值，而漏磁通所经过的回路中有一段为非磁性物质，因此，漏磁通基本上不受铁芯饱和的影响，基本上是常数，所以在这里不考虑励磁电抗对短路电流的影响。

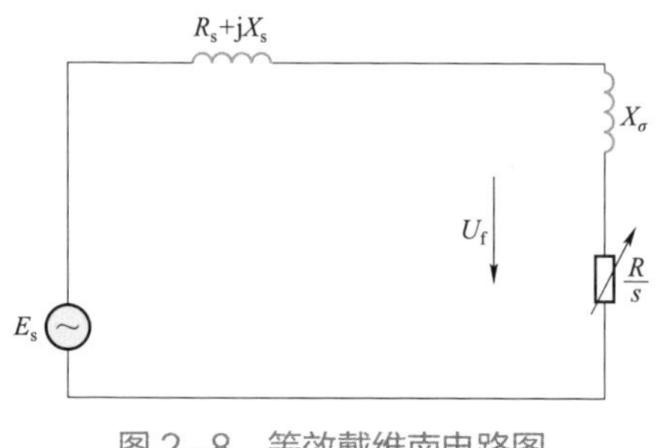

图 2-8　等效戴维南电路图

当异步发电机漏抗变化时，支路$\left(jX_\sigma+\dfrac{R}{s}\right)$发生变化，而其他支路不变。故障支路的电压 U_f 等于支路$\left(jX_\sigma+\dfrac{R}{s}\right)$的电压，在图 2-7 中节点 1、2 间等效电路如图 2-8 所示。

由此可得故障支路的电压幅值为

$$U_f=\frac{E_s\left(\dfrac{R}{s}+jX_\sigma\right)}{\dfrac{R}{s}+jX_\sigma+R_s+jX_s}=E_s\sqrt{\frac{1}{1+\dfrac{\dfrac{2R_sR}{s}+2X_sX_\sigma+X_s^2+R_s^2}{\left(\dfrac{R}{s}\right)^2+(X_\sigma)^2}}}\tag{2-11}$$

可见，故障电压幅值 U_f 是漏抗 X_σ 的减函数，即漏抗 X_σ 越大，故障电压越小，从而短路电流也越小。

结合上述分析可知，分布式电源对短路的影响有以下几个方面：

（1）分布式电源为同步发电机时，短路电流是有功功率 P 和定子电抗 X_s 的减函数。

（2）分布式电源为异步发电机时，漏抗越大，短路电流越小，短路电流与转子电阻无关。

可见，分布式电源的参数对短路电流具有十分明显的影响，若能够合理选择分布式电源的参数，也可以有效地降低短路电流水平。

2.2 特高压输电技术对短路电流的影响

2.2.1 特高压输电对电力系统的影响

1. 防雷问题

在某1150kV线路上曾发生过雷电绕过架空地线直击输电线路的绕击事故，架空地线对雷电没有起到屏蔽作用，这种异常雷击现象曾引起不少学者的关注，一部分人甚至质疑特高压输电线路是否能够有效防雷。因此特高压输电线路的防雷也是一个值得探讨的问题，需要进行研究掌握其规律。

为了研究1150kV线路的雷击特性以及雷电跳闸的概率，对杆塔上雷电流的测量、雷击线路的位置进行综合研究，得出随着线路额定电压的增加，雷电跳闸占跳闸总数的比例上升，从500kV的17.5%增加到1150kV的84.2%，雷电事故跳闸占事故跳闸总数的比例也从500kV的12.23%增加到1150kV的75%；但是线路每百公里的平均跳闸率却随着线路额定电压的增加而减少，1150kV的每百公里的平均跳闸率仅为500kV的三分之一左右。

该结果一方面说明了由于1150kV特高压输电技术要求较高，因而线路的设计、建造、调试都是由具有专业技能的运行人员专门负责的，从而使得1150kV线路的稳定性大大提高，线路平均跳闸率大大降低；另一方面也表示由于特高压输电线路结构的增大，在人为因素对系统的影响可以忽略的前提下，使得不能控制的自然界的影响显得更加巨大，其中雷害在自然界对特高压线路的跳闸影响中又占主要地位。

运行数据分析通常把雷击线路跳闸归结为两部分：雷击杆塔引起的绝缘子串反击闪络跳闸及雷电绕击到避雷线保护范围内击中相导线的绕击跳闸。所以有必要在分析特高压系统反击和绕击耐雷水平的基础上，进一步研究其防雷措施。

2. 防污闪问题

随着电力工业的发展，大气污染日益严重，对于运行中的线路，因表面污秽而引起的绝缘子闪络是电网安全运行的主要威胁。特高压线路对可靠性的要求比超高压线路高，防污闪是保证特高压线路可靠运行的重要方面。

由于特高压线路导线分裂数更多，导线自重以及相应的风载、冰载更大，一般采用V形串限制导线的风偏，一基直线塔用6串绝缘子，耐张塔还需采用多串并联的布置方式。试验发现并联绝缘子串的50%耐受电压比值比单串绝缘子低6%～14%，因而特高压线路相应绝缘子片数和串长就需要大幅增加，导致不同污秽地区杆塔高度也急剧增加（最高达110m），从而特高压线路的污秽问题就更加突出；同时特高压线路中绝缘子数量的急剧增加，对每个元件提出了更高的可靠性要求，而且重量也成比例上升，线路杆塔负荷加重。

由此可见，提高绝缘子的耐污能力、减少绝缘子的串长与重量是解决特高压输电线路防污闪问题的关键所在。

3. 电晕放电问题

电晕的产生是因为不平滑的导体产生不均匀电场，在不均匀电场周围曲率半径小的电极附近，当电压升高到一定值，输电线路表面电场强度超过空气分子的游离强度（一般为20～30kV/cm）时，就会发生放电，形成电晕。电晕要消耗能量，电晕放电产生的脉冲电磁波对无线电和高频通信会产生干扰；还会使导线表面发生腐蚀，从而降低导线的使用寿命。特高压输电线路由于电压等级太高，电晕的产生往往是无法避免的。

4. 地面场强对人体的影响

几十年来，世界各国关于特高压输电产生的强电场对人体的影响进行了大量的试验研究。1000kV输电线路下方地面场强最大值比500kV的高许多。虽然一般认为现有的输电线路下方的电场对人体不会有明显的直接影响，但是不少问题还正在继续研究中。为慎重起见，目前对于输电线路走廊和变电所范围的最大场强给予了一定限制；对人员来往频繁的地方或某些特殊场所，则要求采取屏蔽措施以降低场强。

5. 特高压输电对短路电流的影响

特高压输电工程的接入后，在满足电网负荷增长和供电可靠性要求的同时，电力系统容量也会不断扩大，负荷密度持续增加，致使电气联系趋于紧密，母线短路电流不断上升。如750kV变电站多台自耦变压器中性点均为直接接地的状态下，大量接地点的增加使本站和附近厂站的零序等值电抗急剧下降，进而导致单相短路电流增大。

2.2.2　电网短路电流的计算方法

计算短路电流时，还需要确定下述数据：

（1）电网变压器参数。

（2）线路参数。

（3）发电机参数。

（4）电网运行方式。

（5）上一级电网的等值短路阻抗或者与所计算电网相连外电网等值短路阻抗。

此外，为了便于计算，还需假设几个前提：

（1）短路前电力系统为三相对称系统，电网中的机组相位角相同。

（2）不考虑变压器的励磁电流及其引起的励磁饱和效应。

（3）忽略故障点的电弧阻抗等。

目前，特高压短路电流的计算方法有预测法、等值模型法和在线计算法。其中，预测法一般是用统计的方法预测特高压系统的短路电流水平，需要历年的短路电流统计数据，适合对网架较成熟、发展较缓慢的电网进行预测；等值模型法利用电路理论，结合电力系统具体结构和参数构建短路电流模型，可以反映短路水平，并且等值模型还可以调整系统运行方式，并以此作为基础分析电网结构对短路电流水平及受电能力的影响。在线计算法是一种精确短路电流计算方法，与常规的供继电保护整定计算用的简化短路电流计算不同，具体说明如表 2-1 所示。

表 2-1　　简化短路电流计算和精细短路电流计算对比

对比项目	简化短路电流计算	精确短路电流计算
发电机模型	发电机均处于空载状态 次暂态电动势：汽轮机 $E_q''=1.08$（或1.0）；水轮机 $E_q''=1.22$（或1.0） 转字 d 轴相角：$\delta=0$ 0s 后的短路电流按运算曲线变化	发电机均处于带负荷状态 E_q'' 与 δ 由潮流计算得到，与发电机所带的有功、无功，以及端电压有关 0s 后计及发电机摇摆，次暂态电势与相角变化短路电流随之变化
线路模型	简化线路模型 只考虑电抗 X 假定：电阻 $R=0$、充电电纳 $B/2=0$	完整的线路模型（同潮流计算） 电抗 X、电阻 R、充电电纳 $B/2$ 均为真实值

续表

对比项目	简化短路电流计算	精确短路电流计算
平行线互感	必须考虑	同简化短路电流计算
变压器模型	简化变压器模型 只考虑电抗 X 假定：电阻 $R=0$、非标准变比 $K=1$ 不计励磁（空载）损耗 $G_T=0$、$B_T=0$	完整变压器模型（同潮流计算） 电抗 X、电阻 R 与非标准变 K 均为真实值 计励磁（空载）损耗 $G_T\neq0$、$B_T\neq0$
负荷模型	不考虑负荷、负荷处于空载 即开路状态	完整的负荷模型 负荷正序等值阻抗与负荷的有功、无功以及端电压有关，负序电抗为 0.35
整个网络	短路前处于空载即负荷开路状态 所有支路电流为零 所有结电压幅值相同、相角为零	短路前有实时潮流分布 所有支路电流不为零 所有结电压幅值不同、相角不同
外网等值	只考虑电抗的正、零序等值	同简化短路电流计算

电力系统短路的类型主要有三相短路、两相短路，在大接地电流系统中还有单相接地短路和两相接地短路。其中三相短路属对称短路，其余属不对称故障，即三相不平衡条件下的故障。

三相交流电路如图 2-9 所示。

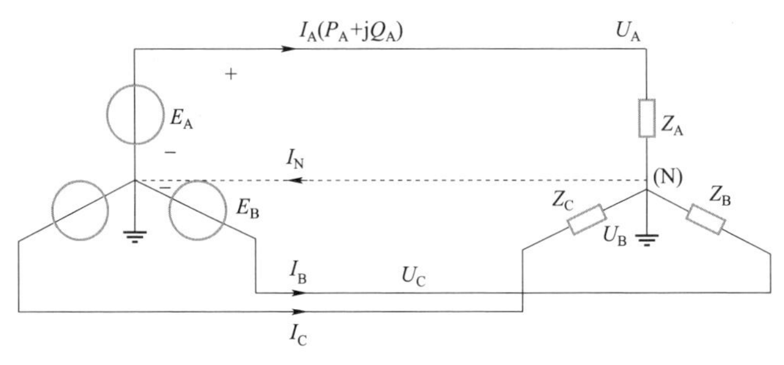

图 2-9　三相交流电路

当发生三相短路时，由于三相之间的关系都相同，其等值电路每相的电流、电压相互独立，所以可以取其中一相进行研究。而当系统发生三相不对称故障时，由于故障电路的三相不对称，使得三相电流不平衡，所以电力网络元件上流过的三相电流也会是不对称的，这时就不能再用单相电路来研究。求解不对称短路电流有两种方法。

第一种方法是相分量法：将整个系统包括故障电路部分都用三相电路模型来描述，则每个元件上的电流电压都有 a、b、c 三相分量，对应的阻抗参数都用 3×3 阶矩阵描述，但这样的电网参数很难得到。由于三相电流不平衡，其等值电路的三相电流电压之间的关系不能解耦，此时，故障部分都是三相耦合的，用这种方法分析起来十分复杂。

第二种是对称分量法：将不平衡的电流电压分解成三组三相平衡的电流电压，即零序、正序和负序，每序分量之间是对称的，可用单相电路描述，短路电流可用三序分量叠加求和。序分量分析方法可以将维数高的电力系统网络方程解耦，而故障电路方程维数较低，因此计算较为简单。

工程中针对不同的短路情况采用不同的算法：对于对称故障采用相分量法，对于不对称故障采用对称分量法。目前，电力系统短路电流计算大部分采用序分量分析方法，即对称分量法。根据对称分量法，可将一个三相不对称的相量分解成三个三相对称的正序、负序和零序分量。利用戴维南定理，可以求得三个序网相对于故障点的电压方程

$$\begin{cases}\dot{U}_{f(1)}=\dot{U}_{f|0|}-Z_{ff(1)}\times\dot{I}_{f(1)}\\ \dot{U}_{f(2)}=-Z_{ff(2)}\times\dot{I}_{f(2)}\\ \dot{U}_{f(0)}=-Z_{ff(0)}\times\dot{I}_{f(0)}\end{cases} \tag{2-12}$$

式中：$\dot{U}_{f(1)}$ 为故障点的正序电压；$\dot{U}_{f(2)}$ 为故障点的负序电压；$\dot{U}_{f(0)}$ 为故障点的零序电压；$\dot{I}_{f(1)}$ 为故障点的正序电流；$\dot{I}_{f(2)}$ 为故障点的负序电流；$\dot{I}_{f(0)}$ 为故障点的零序电流；$Z_{ff(1)}$ 为故障点的正序等值阻抗；$Z_{ff(2)}$ 为故障点的负序等值阻抗；$Z_{ff(0)}$ 为故障点的零序等值阻抗；$\dot{U}_{f|0|}$ 为故障点正常时的电压。

式（2–12）中有六个未知数，三个方程是不够的，因此要寻找另外三个补充方程，可以根据不同短路类型的特点列写边界条件得到。不考虑接地阻抗时，不同类型的短路电流计算方法如下。

（1）单相接地短路

$$\dot{I}_{f(1)}=\dot{I}_{f(2)}=\dot{I}_{f(0)}=\frac{\dot{U}_{f|0|}}{Z_{\Sigma(1)}+Z_{\Sigma(2)}+Z_{\Sigma(0)}} \tag{2-13}$$

（2）两相短路

$$\dot{I}_{f(1)}=-\dot{I}_{f(2)}=\frac{\dot{U}_{f|0|}}{Z_{\Sigma(1)}+Z_{\Sigma(2)}} \tag{2-14}$$

（3）两相短路接地

$$\dot{I}_{f(1)}=\frac{\dot{U}_{f|0|}}{Z_{\Sigma(1)}+\frac{Z_{\Sigma(2)}\Sigma_{\Sigma(0)}}{Z_{\Sigma(2)}+Z_{\Sigma(0)}}} \tag{2-15}$$

$$\dot{I}_{f(2)}=-\dot{I}_{f(1)}\frac{Z_{\Sigma(0)}}{Z_{\Sigma(2)}+Z_{\Sigma(0)}} \tag{2-16}$$

$$\dot{I}_{f(0)}=-\dot{I}_{f(1)}\frac{Z_{\Sigma(2)}}{Z_{\Sigma(2)}+Z_{\Sigma(0)}} \tag{2-17}$$

（4）三相短路

$$\dot{I}_{f(1)}=\frac{\dot{U}_{f|0|}}{Z_{\Sigma(1)}} \tag{2-18}$$

$$\dot{I}_{f(0)}=\dot{I}_{f(2)}=0 \tag{2-19}$$

在不考虑接地电阻的情况下，三序电压可由阻抗矩阵直接求出。考虑接地阻抗时，不同类型的短路电流计算方法如下：

单相接地短路

$$\dot{I}_{f(1)}=\dot{I}_{f(2)}=\dot{I}_{f(0)}=\frac{\dot{V}_{f|0|}}{Z_{\Sigma(1)}+Z_{\Sigma(2)}+Z_{\Sigma(0)}+3z_f} \tag{2-20}$$

两相短路

$$\dot{I}_{f(1)}=-\dot{I}_{f(2)}=\frac{\dot{V}_{f|0|}}{Z_{\Sigma(1)}+Z_{\Sigma(2)}+2z_f} \tag{2-21}$$

两相接地短路

$$\dot{I}_{f(1)}=\frac{\dot{U}_{f|0|}}{Z_{\Sigma(1)}+\frac{Z_{\Sigma(2)}(Z_{\Sigma(0)}+3z_f)}{Z_{\Sigma(2)}+Z_{\Sigma(0)}+3z_f}} \tag{2-22}$$

$$\dot{I}_{f(2)}=\dot{I}_{f(1)}\frac{Z_{\Sigma(0)}+3z_f}{Z_{\Sigma(2)}+Z_{\Sigma(0)}+3z_f} \tag{2-23}$$

$$\dot{I}_{f(0)}=-\dot{I}_{f(1)}\frac{Z_{\Sigma(2)}}{Z_{\Sigma(2)}+Z_{\Sigma(0)}+3z_f} \tag{2-24}$$

式中：z_f 为故障点的过渡阻抗；$Z_{\Sigma(1)}$、$Z_{\Sigma(2)}$、$Z_{\Sigma(0)}$ 分别为正、负、零序节点阻

抗矩阵第 f 行的对角元素，即 f 节点的自阻抗，f 为故障节点。

三相短路

$$\dot{I}_{f(1)}=\frac{\dot{U}_{f|0|}}{Z_{\Sigma(2)}+z_f} \tag{2-25}$$

式中：z_f 为过渡电阻，三相短路时假定过渡电阻相等。

2.2.3　特高压短路故障等值电路

一般来说，计算短路电流时，常常以每个 220kV 变电站进行分片计算短路电流：首先是将三相交流系统利用对称分量法得到正序、负序、零序网络方程，再通过推导不同网络方程的边界方程将二者结合求解，最后得到短路电流的正序、负序、零序分量，叠加后得到短路全电流。当系统接入特高压输电线路时，以 220kV 变电站为单位进行分片时还需要连接 500kV 和 750kV 或更高电压等级变电站，短路水平由特高压变压器和接入 220kV 分区电网的地方电源共同决定。

当特高压变电站独立成片时，以 500kV 变电站为例，可用图 2-10 所示模型进行短路电流水平计算。

图 2-10 中，X_{500} 和 X_{220} 分别为 500kV 和 220kV 变电站等效短路阻抗，X_T 为 500kV 变电站等值阻抗。

当多个特高压与 220kV 电网组成区域时，仍以 500kV 变电站为例，可用图 2-11 所示模型进行计算。

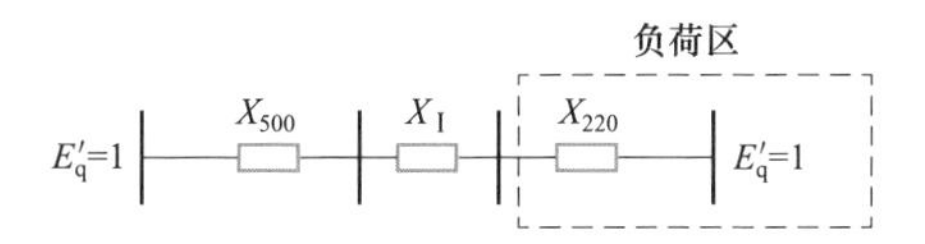

图 2-10　500kV 变电站独立成片计算短路电流

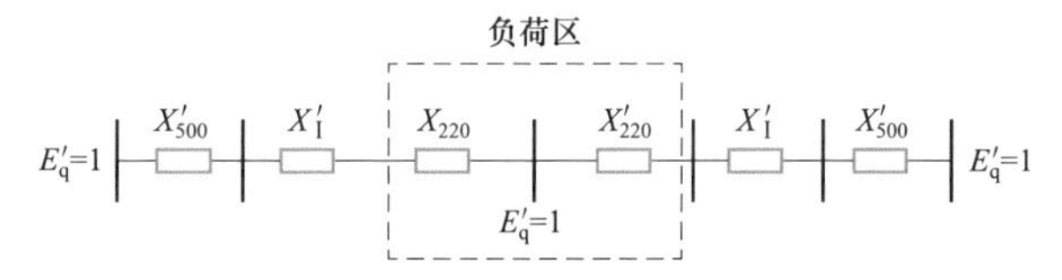

图 2-11　500kV 变电站独立成片计算短路电流

2.3 短路电流直流分量的影响

电力系统发生短路后，短路电流中含有周期分量和直流分量，直流分量以电力网络的时间常数衰减。GB 1984—2014《高压交流断路器》规定：直流分量衰减的标准时间常数为45ms，特殊工况下的直流分量衰减时间常数为120、75、60ms；在陆地大型电网中，从发电厂到最终用户，往往经过多级变压器及长距离线路，直流分量的时间常数通常不超过45ms，普通真空断路器满足绝大部分应用需求。

不过，随着电力系统中发电机、变压器容量的增大和输电网电压等级的提高，各元件的 X/R 比值增大，短路电流直流分量衰减时间常数逐渐增大。此外，电源间电气联系的加强，短路电流限制措施的使用都有可能使短路电流直流分量的衰减时间常数进一步增大。

2016年5月，某电网发生一起因线路两侧系统短路容量强弱相差较大，开关重合时间不一致造成换路产生直流分量问题，直流分量较大造成断路器无法灭弧，开关分闸失败，故障由母线失灵保护动作切除，事故造成开关机构损坏，对电网造成较大影响。

事故起因为换流站7530断路器B相靠近Ⅰ母线侧TA下端盆式绝缘子对地放电，由于故障点位于换流站7530断路器B相靠近Ⅰ母线侧，7530断路器TA布置于开关断口两侧，故障点在A线和B线线路保护范围内，750kV A线和B线两套线路差动保护均动作跳开线路两侧故障相，经过0.6s左右延时后，两侧线路对应边开关重合于永久故障，线路保护加速段动作，跳开A线和B线两侧对应的边开关与中开关，在A线7522断路器重合于永久故障时刻，线路保护在加速段动作跳开7522断路器时，由于7522断路器失灵，最终引起电厂侧750kV Ⅱ母失灵出口跳开Ⅱ母所有连接开关，切除故障。

通过对故障机理分析，7522断路器分闸失败导致断路器重合于故障后分闸失败原因有以下4个方面：

（1）联络断面两侧系统的短路容量存在较大差别（系统特性）。

（2）短路电流直流分量衰减时间常数大，特别是发电厂近区（系统特性）。

（3）两侧开关重合动作不一致：弱系统侧先重合、强系统侧后重合（概率分布）。

（4）后重合的时机：短路电流峰值处重合，直流分量最严重。

两回及以上并联线路两侧系统短路容量相差较大时，当故障线路重合于永久故障，由于目前 220kV 及以上线路均采用单重无条件重合方式，重合闸实际时间存在一定离散性，两侧重合闸时间并不完全一致；如果系统短路容量较小侧断路器先合，此时全部短路电流均流过先合侧断路器，系统短路容量较大侧断路器合闸后，较大的故障电流由先合断路器转移至后合断路器，因系统电感元件存在，电流不能发生突变，会在先合断路器中产生较大的直流分量，且系统短路容量较小侧提供短路电流较小，较大的直流分量叠加一个较小的周期分量，导致断路器出现电流没有过零点、无法灭弧情况，最终靠失灵保护动作延时切除故障。

2.4 案例分析

2019 年，某电力系统接入延伸的 750kV 网架以及另一 220kV 电网，该电网结构得到加强，装机容量得到明显提升，电气联系趋于紧密。然而，运行发现母线短路电流不断上升，部分厂站短路电流已接近甚至超过额定开断电流，影响到了电网的安全、稳定运行。经分析，2019 年该电网整体短路电流水平较 2018 年有明显的提高。下面将以该系统为案例说明特高压接入后短路电流水平的影响情况。该系统 WCW 地区规划电网网架如图 2-12 所示。

由图 2-12（a）可见，2015 年后 WCW 地区有已大容量的电源接入电网，而图 2-12（b）显示，随着 2018 年±1100kV 特高压直流输电工程的建设，加上千万级直流配套电源的建成投产，WCW 地区电网的短路电流问题需进一步分析。为此，根据 2018 年规划，针对±1100kV 特高压直流投运前后计算全线运行方式下进行短路电流水平校核，主要站点的短路电流水平如表 2-2 所示。

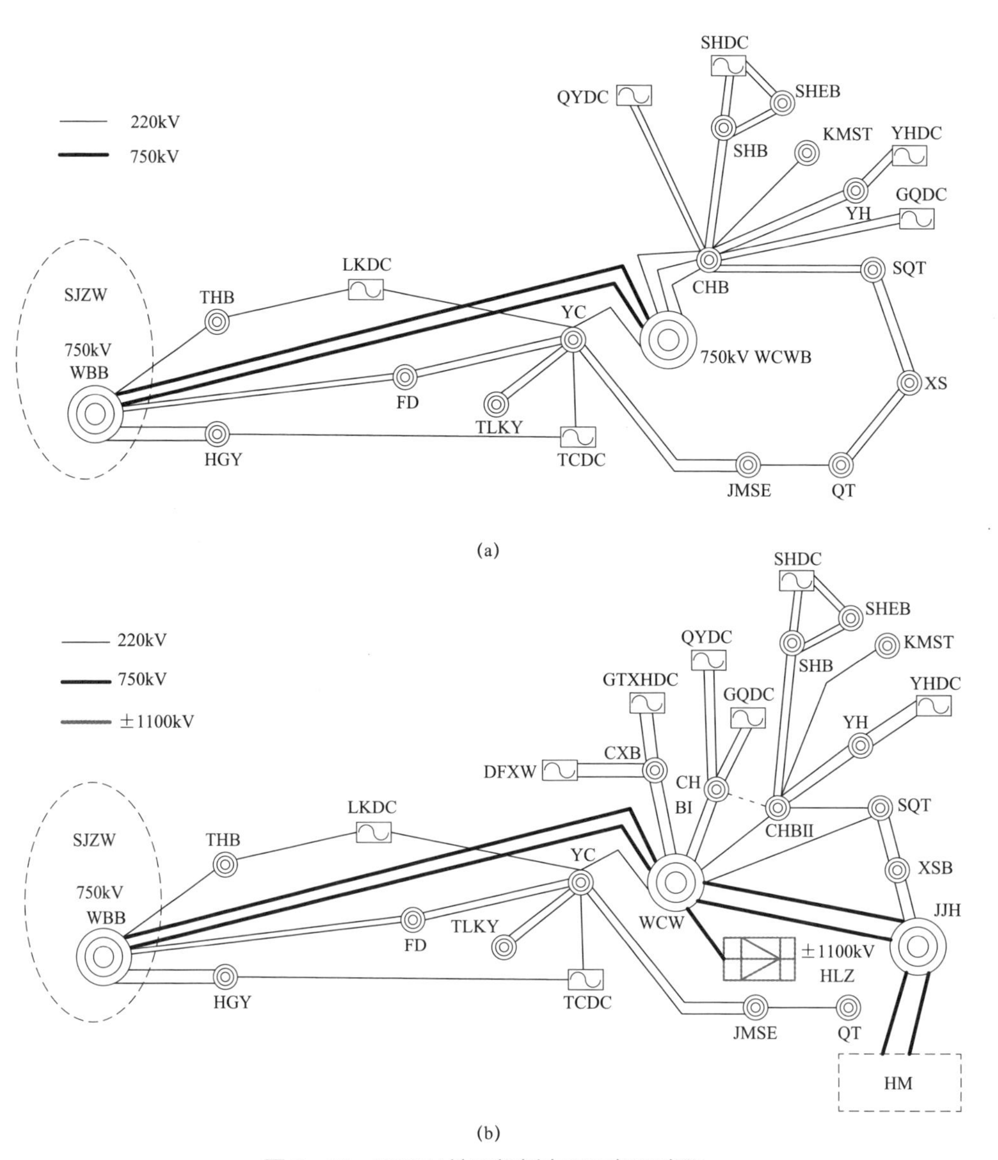

图 2-12　WCW 地区规划电网网架示意图
（a）2015 年底 WCW 地区规划电网断面示意图；
（b）2018 年底 WCW 地区规划电网断面示意图

表 2-2　　特高压直流接入前后近区短路电流　　kA

地区	厂站名称	特高压接入前		特高压接入后		遮断容量
		三相	单相	三相	单相	
±1100kV	HLZ	—	—	50.86	53.48	63
750kV	WCW	28.81	26.39	50.95	53.58	63
	WBB	37.64	34.16	43.13	38.12	63
	JJH	23.46	23.73	29.93	28.54	63
220kV	WCW	68.71	69.21	76.88	82.02	63
	CH	56.53	45.92	61.37	50.79	50
	JJH	13.13	12.33	13.63	12.59	63

注　CH 周边 220kV 系统断路器遮断容量为 50kA。

特高压直流接入前后短路电流水平如图 2-13 所示。

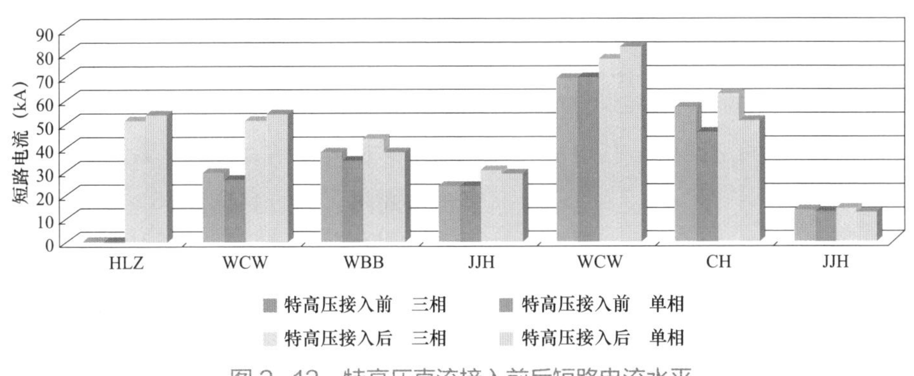

图 2-13　特高压直流接入前后短路电流水平

由图 2-13 可知：

（1）当±1100kV 特高压直流接入 750kV WCW 片区后，该地区 750、220kV 短路电流水平均提升较大，其中 WCW、CH 220kV 母线三相、单相短路电流水平均超出额定遮断水平。

（2）在±1100kV 特高压直流接入后，换流站最大单相短路电流为 53.4kA。对 750kV WCW 三相短路电流提升为 22.1kA，对 220kVWCW 三相短路电流提升为 8.1kA。对周边其他 750/220kV 变电站提升水平比 WCW 低。

可见，直流配套机组均采用 750kV 接入系统，对系统 750kV 短路电流影响较大，为合理控制该片区提升水平，保障后续直流输电接入能力需开展前期分析。因此，当±1100kV 特高压直流接入 WCW 地区后，为提升 WCW 地区电源机组的接纳能力，合理限制 WCW、CH 等变电站的短路电流水平，需进一步讨论分析适用于电网发展的限制短路电流控制措施。

第3章　短路电流对电力设备的影响

随着电力工业的发展，现代系统向着多能源发电、高电压等级远距离输电和大容量规模发展，使电源结构、电网结构方面都与传统电力系统存在明显的区别，也造成了短路电流水平变化，短路电流产生的电动力效应和热效应给电力设备安全运行带来了巨大挑战，其中，断路器和变压器等主要设备的短路电流耐受能力直接决定着电网的安全运行水平，本章主要分析了短路电流对发电机、电动机、线路导体、电流互感器、断路器和变压器等电力设备的影响。

3.1　短路电流对发电机的影响

同步发电机稳态对称运行时，电枢磁势的大小不随时间而变化，在空间以同步速度旋转，由于它与转子没有相对运动，因而不会在转子绕组中感应出电流。在发电机端部发生短路时，短路电流的大小取决于短路点距电源的电气距离，此时流过发电机的短路电流最大瞬时值可达发电机额定电流的10～15倍，但是在发电机端部突然三相短路时，定子电流在数值上将急剧变化，由于电感回路的电流不能突变，定子绕组中必然有其他自由电流分量产生，且由于短路电流水平远远超过发电机额定电流，所产生的电枢反应将严重影响气隙磁场分布，还会引起合成磁场的畸变，从而引起电枢反应磁通变化，在转子绕组中感生出电流，而这个电流又进一步影响定子电流的变化。定子和转子绕组电流的互相影响，暂态过程十分复杂，在许多文献著作中已有介绍，不再赘述。

电力系统中出现短路故障时，系统功率分布将发生突变，造成电压下降，严重者破坏各发电厂并联运行的稳定性，并列运行的同步发电机失去同步，严重者造成系统解列甚至崩溃；此外，由于负荷转移，造成部分发电机过载跳闸，进一步扩大故障范围，当过载跳闸发电机较多时也会引起系统解列。

3.2 短路电流对电动机的影响

短路电流对电动机的影响主要体现在热效应方面。短路故障会造成系统电压下降，电力设备中，异步电动机受电压下降的影响十分明显，因为其转矩与电压平方成正比，当电压降低时，转矩也下降，会造成电动机旋转速度下降，转差率增大，感应电流增多，绕组温度升高。越是靠近短路点，短路时电压下降的越大，持续时间越长，对电动机的破坏性作用越强，最终造成电动机因过热而烧坏。

3.3 短路电流对线路导体的影响

短路电流通过线路导体会产生很大的电动力和很高的温度，称为短路的电动力效应和热效应。规划设计时，应通过计算短路电流来校验导体能否承受这两种效应作用。

3.3.1 短路电流的电动力效应

通电线路的周围有磁场存在，而磁场对通电线路又有作用力。因此，两个或几个相互有电磁耦合的线路之间存在相互作用的力，即电动力。正常工作时电流不大，电动力很小。短路时，特别是短路冲击电流流过瞬间，产生的电动力最大。电动力的大小与线路间的相互位置、线路长度以及通过它们的电流大小等因素有关。两平行导线间最大电动力为

$$F = 2K_{\mathrm{f}} i_1 i_2 \frac{L}{\alpha} \times 10^{-7} \tag{3-1}$$

式中：i_1、i_2为通过两根平行导体的电流瞬时最大值，A；L为平行导体长度，m；α为导体轴线间距离，m；K_{f}为形状系数，表征实际通过导体的电流并非全部集中在导体的轴线位置时，电流分布对电动力的影响。

工程中，当三相母线采用圆截面导体时，若两相导体之间的距离足够大，形状系数K_{f}取为1；对于矩形导体而言，当两导体之间的净距大于矩形母线的周长时，形状系数K_{f}可取为1。式（3-1）计算的电动力的方向规定为：两个载流导体中的电流方向相同时，其电动力为相互吸引；两个载流导体中的电流方向相反时，其电动力为相互排斥。

两相短路时，平行导体间的两相短路电动力和三相短路电动力为

$$\begin{cases} F^{(2)} = 2i_k^{(2)^2} \dfrac{L}{\alpha} \times 10^{-7} \\ F_{\mathrm{U}}^{(3)} = 1.6i_k^{(3)^2} \dfrac{L}{\alpha} \times 10^{-7} \\ F_{\mathrm{V}}^{(3)} = 1.73i_k^{(3)^2} \dfrac{L}{\alpha} \times 10^{-7} \end{cases} \tag{3-2}$$

式中：$i_k^{(2)}$为两相短路冲击电流，A；$i_k^{(3)}$为三相短路冲击电流，A；$F^{(2)}$为两相短路电流冲击下，故障相承受的电动力；$F_{\mathrm{U}}^{(3)}$和$F_{\mathrm{V}}^{(3)}$分别三相短路时为边缘相U相与中间相V相导体所承受的最大电动力，N。

3.3.2 短路电流的热效应

当发生短路时，短路电流将使线路温度迅速升高。但短路后线路的继电保护装置很快动作，切除短路故障，因此短路电流通过导体的时间很短，通常为2～3s。所以在短路过程中，可不考虑导体向周围介质的散热，也就是可近似地认为在短路时间内导体与周围介质是绝热的，短路电流在导体中产生的热量，完全用来使导体温度升高。由于导体温度上升得很快，因而导体的电阻与比热不是常数，而是随温度的变化而变化。短路时线路温度变化曲线如图3-1所示。

图3-1中，曲线BC段为短路时导体温度变化，θ_k为短路时的最高温度。短路电流被切除之后，导体温度会逐渐地降至周围环境温度θ_0，其温度变化如

图 3－1 中曲线 C 点后的虚线部分所示。

短路电流造成线路的温升会影响电力线路的绝缘，加速绝缘材料老化，降低线路的机械强度。

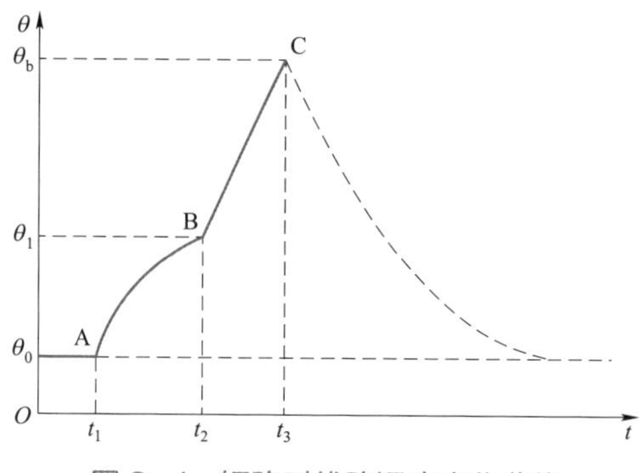

图 3－1　短路时线路温度变化曲线

电力系统中，电气设备之间的连接除了线路外，还有不同的导体材料，不同材质和用途的导体短时发热允许温度限值见表 3－1 所示。

表 3－1　　不同材质和用途的导体短时发热允许温度限值

导体种类和材质	允许温度限值（℃）
母线及导线：铜	320
母线及导线：铝	220
铜（不直接和电器连接）	420
钢（直接和电器连接）	320
10kV 及以下油浸式绝缘电缆铜芯	250
10kV 及以下铝芯	220
20～35kV 以上铝芯	175
10kV 及以下油浸式绝缘电缆铜芯	250
60～330kV 充油纸绝缘电缆	150
橡胶绝缘电缆	150
聚氯乙烯绝缘电缆	120
交联聚氯乙烯绝缘电缆铜芯	230

3.4　短路电流对电流互感器的影响

电流互感器是一个具有铁芯的非线性元件。当铁芯不饱和时，励磁阻抗的数值很大且基本不变，因此励磁电流很小，近似可以认为励磁支路开路，此时可认为一次电流和二次电流成正比而且误差很小，能将一次短路电流进行准确的传变，保护装置可以正确动作。但是，当接有电流互感器的主回路发生短路故障时，短路电流会造成电流互感器严重饱和，励磁阻抗将迅速下降，励磁电流增大，造成二次电流的误差增大，导致继电保护装置误动或拒动。

系统规划建设时，电流互感器一般都能满足继电保护装置的要求，但是随着系统的发展，短路容量的增大，原来的电流互感器在新的大系统运行中所承受的短路电流超过了本身的极限，一旦系统出现短路就很容易出现饱和，造成传变特性变差，并使继电保护装置不正确动作。

3.5　短路电流对断路器的影响

3.5.1　断路器开断容量

系统容量的增加将使短路电流水平增大，短路电流越大，断路器开断故障电流时产生的电弧电流越大，温度越高，则触头间介质强度恢复速度越慢，熄弧越困难，会烧坏断路器金属触头、绝缘部分，严重影响断路器的运行，进而威胁电力系统安全运行。若短路电流水平超过原有断路器的开断能力，则不能开断短路电流，当故障发生时，会因切断电弧失败而爆炸。

断路器需开断的短路电流是周期分量和直流分量的叠加

$$I = I''\sqrt{1+2K^2} = \sqrt{I_p^2 + I_{DC}^2} \tag{3-3}$$

式中：I_p、I_{DC} 分别为开断时刻的短路电流周期分量和直流分量；I'' 为次暂态电流；$K = e^{\frac{-t}{T_a}}$，为开断时刻直流分量相对于直流分量初始值的衰减系数，其中，T_a为直流分量衰减时间常数，与系统参数有关。

可见，短路电流直流分量的衰减速度或时间常数关系到断路器需开断短路电流的大小，直流分量衰减越慢，断路器需开断的短路电流越大；同时，断路器需开断的电流也与短路被开断时刻有关，短路被开断得越快，断路器需开断的电流越大。

由式（3−3）可见，短路电流周期分量越大，断路器开断的短路电流就越大，电弧能量就越大，加重了断路器开断负担，反之则较容易灭弧；此外，直流分量的存在增大了短路电流水平，加重了断路器开断负担，对断路器运行不利，并且直流分量在一定程度上也会降低恢复电压，从这一方面来说是有利于断路器开断的，但总体而言，直流分量的存在对于断路器来说是弊大于利。

短路时，断路器承受的短路冲击电流为

$$i_{sh} = \sqrt{2}K_{im}I'' \tag{3-4}$$

式中：$K_{im}=1+e^{\frac{-0.01}{T_a}}$，为冲击系数。

由式（3−3）还可见，短路电流直流分量的衰减速度或时间常数关系到断路器需承受的冲击电流的大小，直流分量衰减越慢，需承受的冲击电流也越大，但冲击电流的大小与短路被开断的快慢无关。

大系统中短路电流直流分量及其衰减难以计算，电力系统中使用的绝大多数断路器都按开断时直流分量不超过20%和直流分量衰减标准时间常数（45ms）来设置其额定开断电流和额定短路关合电流，即常规断路器仅用短路电流周期分量来表征其额定开断电流，额定短路关合电流是额定短路开断电流的 2.5 倍（冲击系数 1.8，对应 45ms 的直流分量衰减时间常数）。

3.5.2　低压系统断路器选择方法

低压断路器按类别可分为选择型与非选择型，可以调整约定跳闸时间的为选择型，非选择型的跳闸时间由断路器的特性曲线确定。选择型断路器具有良好的上下级配合关系，但必须整定好各项参数。选择断路器通常要考虑类别、额定电流、脱扣器额定电流、短路容量等。选择原则如下：

（1）变压器低压出线断路器应按远期安装的变压器容量来选择其额定电流，

但断路器整定值按近期变压器容量整定。

（2）接于同一段母线上的进出线断路器应尽量选择同一短路容量的断路器，且根据计算结果不用选择太高，以免增加整体造价，但不能选择微型断路器。

（3）在有条件的情况下，低压配电柜的进出线断路器应尽量使用选择型断路器，避免因越级跳闸造成大面积停电。

（4）各配电箱或控制箱总进线应选择隔离开关或负荷开关，不要选择断路器，避免增加一级断路器级间配合。

低压断路器的灵敏度校验准则是被保护线路末端单相接地短路电流不应小于断路器瞬时或短延时整定的 1.3 倍，1.3 为可靠系数，通常变压器低压主开关均不能满足这个要求，解决方法是取消主开关的瞬动保护。如遇某些回路满足不了灵敏度要求，可以采用增大电缆截面或用熔断器来保护的方式。

低压断路器的选择性配合校验准则如下：

（1）上下级断路器特性曲线不相交即可，某些断路器具有限流功能，其说明书注明上下级断路器额定电流之比大于 2，即可不相交。

（2）上级断路器短延时整定电流应大于下级断路器瞬时整定电流的 1.3 倍。

（3）上级断路器整定电流应大于下级断路器整定电流的 1.3 倍。

3.5.3　高压断路器的校核与选择

超/特高压的接入使得电网电压等级越来越高，电网负荷及电源容量日益增加，电网中输电线路、变压器等设备的增加使电网网架结构不断加强，然而，虽增加了供电可靠性，但导致电网短路电流超标问题日益突出：以往工程上计算断路器短路电流时主要以基波周期分量为主，因为在网络规模不大情况下，X/R 数值并不是很高，忽略直流分量，用短路电流周期分量校核断路器开断能力并不会引起太大问题。但随着电网电压等级的提高以及电网规模的扩大，各元件的 X/R 比值增大，短路电流直流分量衰减时间常数逐渐增大。在有些情况下，采用短路电流周期分量而忽略直流分量校核断路器开断能力将产生严重问题。

为保证电网的安全稳定运行，需要对高压断路器开断短路电流能力进行校核，当高压断路器需开断的电流超过断路器额定短路开断电流时，需要采取更换断路器、开断线路以及加装限流电抗器等措施来保证电网的安全运行。为此，高压断路器的额定开断电流必须包括周期分量有效值和开断非周期分量百分比两部分。有研究者提出在获得短路电流全电流波形的基础上，利用包络线法求取短路电流直流分量，再采用最小二乘法拟合直流分量衰减时间常数，计算短路电流直流分量影响系数，最终利用直流分量和交流分量的叠加来对断路器开断能力进行校核。

由于国内生产的高压断路器在做型式试验时，已计入了20%的非周期分量，因此，当短路电流中非周期分量不超过周期分量幅值的20%时，可只按开断短路电流的周期分量有效值选择断路器，即断路器开断电流 $I_{\mathrm{brn}} \geqslant I_p$ 。当短路电流中非周期分量超过周期分量幅值的20%时，应分别按额定开断电流的周期分量有效值和开断非周期分量百分比选择，即

$$\sqrt{2}I_{p(t)} + i_{DC(t)} \leqslant \sqrt{2}I_{brn}(1+\beta_e) \qquad (3-5)$$

式中：β_e 为额定开断电流中非周期分量百分数。

此外，还有学者建议，三相断路器在开断短路故障时，由于动作的不同期性。首相开断的断口触头间所承受的工频恢复电压应增高。增高的数值用首相开断系数来表征。因此，在选择断路器开断电流时，应向制造部门提出首相开断系数要求。

由于短路电流中的周期分量和非周期分量越大就越加重了断路器熄灭电弧切断电路的负担，因此，开断短路电路时的短路电流越小对断路器的运行越有利。

开断时间越短对断路器的要求越高，因为短时内短路电流中非周期分量所占比重越大，要求断路器开断的电流越大，短路电流直流分量对断路器开断能力的影响越大。当开断时间要求较短时，直流分量可能超过周期分量的20%，还需要重新验算。

随着电力系统规模的不断扩大、区域联网和电网的逐步加强，电网系统阻抗不断减小，电力系统中短路电流逐年增加，因此，选择开断电流时要留有足够的发展裕度。当然，在电网规划和工程设计过程中，当短路电流超标时，首先还是应考虑采取合理的限制短路电流措施进行限流，将更加有利于系统运行。

3.6 短路电流对变压器的影响

短路电流对变压器的影响主要分为两方面，一方面，突然短路时，短路电流将产生电动力，短路电流越大，产生的电动力也越强，其值有可能达额定电动力的400～900倍，使变压器绕组线饼变形、拉伸，超出耐受机械应力时，绕组的机械强度受到破坏，严重时对变压器本体有严重的破坏作用。对于大型变压器来说，受到大的短路电流产生的电动力作用下，沿整个线圈圆柱体表面的轴向压力可能达几百吨，沿轴向位于正中位置，承受压力最大的地方轴向压力也可能达几百吨，可能线圈变形、蹦断甚至毁坏。

另一方面是变压器短路电流的热效应：短路电流还会使电力变压器的线圈损耗增大，严重发热，温度很快上升，导致线圈的绝缘强度和机械强度降低，绝缘损坏，若继电保护不及时动作切除电源，变压器就有可能烧毁。

3.6.1 变压器短路电流热效应

变压器运行时，绕组、铁芯以及其他结构件中产生的损耗几乎全部转化为热能。发生短路时，绕组中会流过很大的短路电流。短路电流会使绕组的温度上升。当绕组中导线的温度上升并超过一定值时，导线的机械强度较常温下明显下降，发生软化，破坏匝间绝缘，导致变压器内部故障。以铜导线为例，当导线温度快速上升并超过250℃时，超过绝缘材料承受的温度，材料的绝缘性能急剧下降，在电、热作用下，发生热击穿，破坏绝缘，最终导致绕组匝间短路，变压器发生故障。试验表明：油浸式绕组最热点年平均温度若不大于98℃，变压器的运行年限可为20～25年，绕组最热点的温度一般比平均温度高13℃，所以，绕组在额定负载下的年平均温定为85℃。

变压器在连续满载运行条件下，如果发生短路，稳定短路电流将会很大，绕组发热量急剧增加，绕组温度也相应增高。由于短路允许持续时间很短，小于2s，绕组的热时间常数远小于变压器油的热时间常数，故可将绕组暂态过热过程视为绝热过程。如果短路后，绕组温度超过外包绝缘耐热等级所允许的最高温度，变压器将受到损伤。

变压器在实际运行时，为保证各点温升不超过标准限值，最基本的条件是使变压器的散热值大于产热值，否则，变压器的温度将持续升高，温升大于标准限值，绝缘材料会提前热老化而损坏。

GB 1094.5—2016《电力变压器　短路》明确规定了在规定持续时间的对称短路电流后每个绕组平均温度的最大允许值。短路热影响最大的是绕组部分，而绕组短路过程中的短时发热可以作为绝热过程进行计算，所以直接受到短路热效应影响的是作为发热主体的导线以及与之接触的绝缘材料。对于大型电力变压器，目前普遍采用铜导线和油纸绝缘结构，对应短路温升限值为 250℃。根据绕组不同材质，短路冲击下，绕组的温度计算可采用下述方法。

短路后铜绕组导体温度

$$\theta_1 = \theta_0 + \frac{2\times(\theta_0 + 235)}{\dfrac{106\,000}{J^2 \times t} - 1} \tag{3-6}$$

短路后铝绕组导体温度

$$\theta_1 = \theta_0 + \frac{2\times(\theta_0 + 225)}{\dfrac{45\,700}{J^2 \times t} - 1} \tag{3-7}$$

式中：θ_1为绕组短路 t（s）后的平均温度；θ_0为绕组起始温度；J为短路电流密度，按对称短路电流的方均根值计算得出；t为短路电流持续时间，一般取 2s。

按照 GB 1094.5—2016《电力变压器　第 5 部分：承受短路电流的能力》中的要求，绕组应能承受短路 2s 的耐热能力，短路后铜绕组导体温度应小于 250℃，铝绕组导体温度应小于 200℃。

被油冷却中的绕组材料，在经过几次短路后，要经受一种退火“热处理”，这将不可避免的降低其机械强度。一般认为铜的退火温度为 400～500℃。而一些文献认为，绕组由半硬铜做成，短路允许瞬变温度 250℃可能已经超过退火温度，因此绕组可能已不能承受再一次短路所发生的电动力。

理论上接近短路温升限值的情况下，在短路温升作用下，铜材内被打散的晶体有一定程度的重新排列，存在力性能改变。然而，工程实际中，受阻抗、损耗及力等参数的限制，大型变压器的短路温升一般较低，如一台常规阻抗 500kV 自耦变压器，短路 2s 后经测量各绕组计算温度，串联绕组为 120.7℃，公共绕组为 128.1℃，平衡绕组为 127.5℃。大型电力变压器的油纸结构为 A 级绝缘，按照规定，普通木浆纸相对老化率 V=1.0 的温度为 98℃。短路发生及短路后的散热时，铜线温度会超过 98℃，与导线接触的绝缘纸受到短时高温作用，不可避免地会有一定的寿命损失。同时随着导线的热膨胀，绝缘纸也会受到热效应的影响。

3.6.2 短路电流电动力效应

受短路电流电动力影响最大的是变压器绕组及相关的支撑件。绕组中的铜材，认为其没有线性弹性极限，没有屈服点，有关的标准中通过引入假定的“非比例伸长极限”和材质“条件屈服点”的概念来进行校核。短路设计或校核中通常是使用铜材“非比例伸长极限”配合一定的系数作为许用值，意味着短路引起的应力已经带来了一定微小的永久变形，并且这个微小变形将会随着短路的发生而进行累积。

另一方面，短路电流特点是双倍工频波动并随时间衰减，因此铜线会受到 100Hz 的力的作用，作用时间取决于短路时长，而金属材料在周期变化载荷下存在疲劳现象，这样在每一个循环中都会使材料受到一定的损伤，这种损伤会引起材料内部能量的耗散。在纯铜疲劳过程中，储能的变化引起材料微观结构的变化，甚至表面微观形貌的变化，在循环应力达到一定程度的作用下，材料抵抗破坏的能力将显著下降。疲劳损伤的根本原因是循环塑性应变，不同的寿命范围，即高循环与低循环疲劳之间的主要区别仅仅是塑性变形程度的大小不同。

此外，变压器绕组所用铜线在生产时，为了增强其机械性能，会通过机械加工的方式增加导线的屈服强度。短时交变的受力振动，可能会对铜线的晶粒结构产生影响，进而影响铜材的屈服特性，即周期变化力作用下铜材的强度衰减。

总体来说，短路电流电动力影响变压器的形式主要有以下几种：

（1）轴向失稳。这种损坏主要是在辐向漏磁产生的轴向短路力作用下，导致变压器绕组轴向变形。

（2）线饼上下弯曲变形。这种损坏是由于两个轴向垫块间的导线在轴向短路力作用下，因弯矩过大产生弹性性变形，通常两饼间的变形是对称的。

（3）绕组或线饼倒塌。这种损坏是由于导线在轴向短路力作用下，相互挤压或撞击，导致倾斜变形。如果导线原始稍有倾斜，则轴向短路力促使倾斜增加，严重时就倒塌；导线高宽比例越大，就越容易引起倒塌。端部漏磁场除轴向分量外，还存在辐向分量，两个方向的漏磁所产生的合成短路力致使内绕组导线向内翻转，外绕组向外翻转。

（4）绕组升起将压板撑开。这种损坏往往是因为轴向短路力过大或存在其端部支撑件强度、刚度不够或装配有缺陷。

（5）辐向失稳。这种损坏主要是在轴向漏磁产生的辐向短路力作用下，导致变压器绕组辐向变形。

（6）外绕组导线伸长导致绝缘破损。辐向短路力企图使外绕组直径变大，当作用在导线的拉应力过大会产生变形。这种变形通常伴随导线绝缘破损而造成匝间短路，严重时会引起线圈嵌进、乱圈而倒塌，甚至断裂。

（7）绕组端部翻转变形。端部漏磁场除轴向分量外，还存在辐向分量，两个方向漏磁所产生的合成短路力致使内绕组导线向内翻转，外绕组向外翻转。

（8）内绕组导线弯曲或曲翘。辐向短路力使内绕组直径变小，弯曲是由两个支撑（内撑条）间导线弯矩过大而产生变形的结果。如果铁芯绑扎足够紧实及绕组辐向撑条有效支撑，并且辐向短路力沿圆周方向均布的话，这种变形是对称的，整个绕组为多边星形。然而，由于铁芯受压变形、撑条受支撑情况不相同，沿绕组圆周受力是不均匀的，实际上常常发生局部失稳形成曲翘变形。

（9）引线固定失稳。这种损坏主要由于引线间的电动力作用下，造成引线振动，导致引线间短路。

实际上，在短路电流电动力作用下，变压器绕组、引线、纸绝缘、垫块及其他部位都存在一定程度的变形。

3.6.2.1 绕组电动力受力分析

变压器的绕组处在漏磁场中，绕组中的电流与漏磁场相互作用，在绕组导线上产生电动力。在稳态运行时，由于稳态漏磁场及稳态电流都不大，电动力也不大；在变压器突然短路时，暂态漏磁通密度将随着短路电流的大小成比例增长，最大短路电流可达额定电流的20～30倍，绕组上所受到的电动力也将随着电流的平方成比例增长，因而变压器短路时的电流最大值为额定电流值的几十倍，则其绕组受到的电动力可达额定运行时电磁力的几百倍，这样大的电动力极有可能把绕组损坏。

短路过渡过程中的电流是连续变化的，而绕组及其部件在电动力的作用下也产生位移，这种位移与绕组及其部件的材料惯性力及预压紧力在位移时作用的摩擦力有关，因此短路电动力的分析是一个相当复杂的动态过程分析。从电动力作用方向来看，电动力分为轴向短路力和辐向短路力。

轴向短路力是漏磁场的轴向分量与短路电流相互作用，对绕组产生轴向力。由于漏磁场感应强度呈三角形分布，作用在绕组导线上的力与导线所在处的磁感应强度成正比，所以挨近漏磁场主空道的导线所承受的作用力最大，即线段各线匝承受的轴向力应不同。采用弹性模数较高的绝缘材料可使各线匝承受的机械应力分布得更均匀。轴向力向内作用在内绕组上，力图使导线长度缩短，在绕组中出现压应力。

同时导线由于绕组内撑条的存在而出现局部弯曲，还出现了弯曲应力。轴向力向外作用在外绕组上，力图使导线伸长，在绕组中出现了拉应力。为了提高变压器绕组的整体稳定性，目前变压器绕组设计均采用了外撑条，同样在外绕组也会出现弯曲应力。轴向合应力为压（拉）应力与弯曲应力之和。合应力的大小与撑条材料的弹性有关，并且随着材料弹性的增大而增大。同时，轴向合应力与撑条数的关系也与撑条的材料弹性有关。

轴向短路力是在变压器中由于轴向漏磁场的磁通密度沿高度方向是变化的力，所以轴向短路力沿绕组高度方向的分布是不均匀的。绕组两端磁力线弯曲，绕组两端的线饼都向绕组中部产生压缩力。如果导线之间有垫块存在，那么所有的垫块都会受到周期性挤压，绕组导线存在轴向力。轴向短路力的另一部分是由于一对内、外绕组磁势不均匀（安匝不平衡）而出现的横向漏磁场与短路电流作用而产生的轴向力，一般称轴向外力。轴向外力的作用方向与横向漏磁通的方向有关，在一对内、外绕组上产生的作用力大小相同，方向相反。

假定某一绕组线圈内电流 J^e，则此单匝绕组导体所受的电动力为

$$F_i^e=\int J^{\mathrm{e}}(\mathrm{d}V)^{e^e}\times B^e \tag{3-8}$$

式中：B^e 为单元内平均磁密，T；$(\mathrm{d}V)^e$ 为导线单元体积，具有 N 匝绕组的线圈

电动力可记为 $F=\sum_{i=1}^{N}F_i^e$ 。

变压器发生短路时，短路力的计算公式为

$$F=BI_sM_TN\times\frac{1}{9.81} \tag{3-9}$$

式中：I_s 为短路电流；M_T 为平均匝长；N 为匝数。

短路电流计算公式为

$$I_s=2.55I\frac{100}{Z} \tag{3-10}$$

式中：I 为额定电流；Z 为变压器短路阻抗百分数；2.55 为考虑非周期分量的瞬态短路电流系数。

空间磁通密度的计算公式为

$$B=4\pi\times10^{-7}\frac{NI_s}{qO_W} \tag{3-11}$$

式中：O_W 为此路长度；q 为变压器的高低压侧组数。

导体应力计算公式为

$$o=\frac{FL^2\times10^{-4}}{4Nn_b(n_t)^xM_Tbt^2} \tag{3-12}$$

式中：n_b 为导体层数；L 为线圈导体支持间隔；n_t 为导体并列数；b 为导体宽度；t 为导体厚度；x 为系数。

低压绕组辐向短路力分布与其轴向磁密分布方向一致；而高压绕组辐向短路力分布与其轴向磁密分布相反，绕组分别受到向内压缩、向外扩张的辐向短路力作用；绕组上端所受辐向短路力比下端所受辐向短路力稍小，这是由于绕组上端距离上铁轭较下端距离下铁轭要远，使得上端部磁力线偏折现象更加明显而致。

3.6.2.2　变压器绕组辐向短路力

变压器绕组线饼辐向失稳平均临界应力可按下式计算

$$F_{\mathrm{B}}=\frac{E\left(\frac{x}{2}\right)^y n^{1.5}b^3t(m^2-1)}{12R^3}\times10^3 \tag{3-13}$$

式中：F_B 为辐向失稳临界力，kN/m；E 为铜的弹性模量，取 1.225×105MPa；x 为单根换位导线内导线的股数；y 为与线饼和导线的结构有关的经验系数，取 1.4；n 为线饼内换位导线数；b、t 分别为导线的辐向、轴向尺寸，m；m 为绕组的有效支撑数，取实际撑条数的 1/2；R 为线饼平均半径，m。

当线饼承受较大的辐向短路力时，可能造成网侧绕组压缩，使线饼弯曲或曲翘；阀侧绕组线饼伸长导致绝缘破损，进而引起绕组辐向失稳。如果某些重要的措施实施不到位，必然会促成幅向失稳的发生，这些失稳原因一般分为以下几种：

（1）在绕组的设计时，绕组的辐向稳定性能未经过细致的计算和校核，或者在计算过程中出现错误。

（2）在对变压器器身绝缘装配时，变压器生产厂家通常采用的套装工艺是在绕组和铁芯之间留出一定的空隙以方便在铁芯上套上绕组，事实上，有些撑条之所以难以起到支撑的作用，主要因为绝缘装配中存在一定的间隙，如果不加以改进，还会导致部分撑条完全无法起到支撑作用，最终导致平均临界应力值显著偏低，必然使得幅向失稳的发生率大大提升。

（3）对于特定的线饼，由于客观因素的不同，其受力形式也会有所区别，特别是不同部位的线饼，如铁芯窗口内部的线匝必然受到较大的压缩力，铁心窗口内部的线匝必然受到的压缩力相对较小。

（4）由于制作工艺的缺陷或疏忽，导致在线饼制作过程中，一些导线出现紧度不足的情况，绕线模拉紧量不够、绕组初始有偏心以及绕组直径的因素、导线材料物理特性等是绕组强度的决定性因素，绕组的惯性质量对支撑绕组本身也是重要因素。

辐向短路力是在短路电流和漏磁场在轴向分量的相互作用而形成的，在辐向短路力作用下高低压绕组的受力情况如图 3-2 所示。

由图 3-2 可见，在电流存在反向的关系发生瞬时短路问题，高压绕组、低压绕组承受的辐向短路力将其向外方向推移，低压绕组获得压力而遭到挤压，高压绕组则在张力作用下向外拉伸。这种力量发生在里面一侧低压绕组时，保持同辐向方向一致的向里压缩的趋势。而发生在外侧高压绕组的力量则出现了所有外圈被张力作用的状况，这时候绕组线段保持同辐向一致的向外扩张。

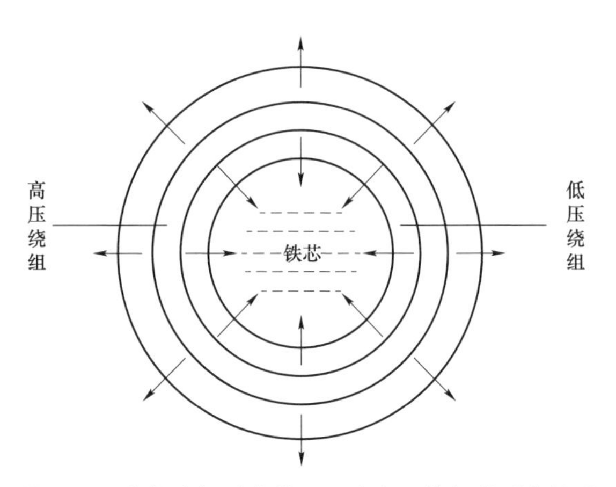

图 3-2 在辐向短路力作用下高低压绕组的受力情况

漏磁场磁通密度以三角形分布绕组两端，而处在漏磁场主通道处的磁通密度值最大，在磁场中，有电导线所受到电磁力正比于磁通密度，此时位于主通道处的绕组导线所受的电磁力最大。所以不同线饼位置的差异造成了承载力的差异。实际运用中，为了保持变压器不同导线受力处于最佳平衡状态，一般在材料选取方面会优选具有较高的弹性模数的绝缘材料。

3.6.2.3 变压器绕组轴向短路力

短路电流与轴向漏磁通相互作用产生轴向短路力，当短路电流达到峰值时，轴向短路力很大，造成绕组发生位移，绕组端部发生弯曲，磁力线在这里出现了辐向分量而产生了轴向短路动力。形成的短路电动力从两端向中部提供压力，内侧和外侧同时受力。导线受短路力的影响出现弯曲，产生弯曲应力。若变压器轴向安匝高度存在偏差，也是造成轴向漏磁分量的原因，造成轴向短路力的出现，安匝不平衡造成的轴向漏磁场分布和绕组受力示意图如图 3-37 所示。

由图 3-3 可见，弯曲应力的存在，加大并持续扩大辐向漏磁分量，使安匝不平衡并造成其区域逐渐增大，在此情形下，轴向短路力就变得更大。由此可知，磁场内在垂直方向上引起的轴向短路电动力，比磁力线在端部所引起的力有更大的破坏作用。

绕组处于磁场中心高度的落差也是造成轴向短路力的产生的条件，因此需要在设计环节对两绕组磁场中心位于同一水平进行重点处理，在绕组的制造过程中也要细致的安排，但鉴于条件的局限性，高低压磁场中心仍然不能达到理想中的水平状态，多少会有些偏差，此时高低压绕组就会出现短路电动力，加上产生的短路力进一步加剧了中心偏离状态，它们分别受到向上和向下的短路电动力，如图 3–4 所示。

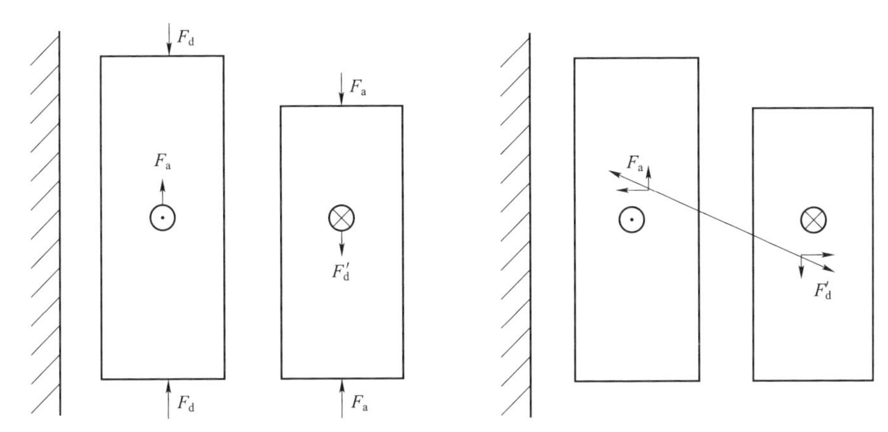

图 3–3　安匝不平衡造成的轴向漏磁场分布和绕组受力示意图

图 3–4　绕组磁场中心不在同一水平面上产生的轴向短路力示意图

在线饼垫块之间跨度内的每饼导线所受短路力 F_W 和轴向弯曲应力 σ_{ba} 的计算见式（3–14）和式（3–15）

$$F_W = B_W \times N \times I_S \times M_T \tag{3-14}$$

$$\sigma_{ba} = \frac{F_W \cdot l^2}{4n_b \cdot n_t \cdot M_T \cdot b \cdot t^2} \times 10^{-6} \tag{3-15}$$

式中：F_W 为每饼所受短路力，N；B_W 为每饼所处空间磁密，T；N 为每饼匝数；I_S 为流经每饼的短路电流，A；M_T 为每饼平均匝长，m；σ_{ba} 为轴向弯曲应力，MPa；l 为导体无支撑间隔，m；n_b 为组合线层数；n_t 为组合线一层根数；b 为单根线宽，m；t 为单根线高，m。

在轴向短路力作用下，变压器线饼与线饼、线饼与垫片之间发生碰撞，造成绕组匝间绝缘损坏，形成匝间短路，再加上辐向短路力作用的下垫片松动位移，还会致使变压器绕组轴向失稳，一般来说，变压器绕组轴向短路力失稳的原因有以下几种：

（1）绕组及有关绝缘件的残余变形。绕组绝缘件主要是由纸板制作而成，这种纸板的主要材质为木纤维，具有较强的可塑性能，当受到外力作用使其发生变形时，尤其是发生不可逆的变形时，它会形成残余变形，即绕组绝缘件收缩。但是这种残余变形的出现又会导致绝缘件丧失厚度尺寸，最终的结果是降低轴向预压紧力。

（2）轴向预压紧力布置不合理。一旦发生突发短路，因为短路电动力带有脉冲的特性，必然使得线饼产生碰撞和空隙的循环反应，最后使得一些导线发生倒塌，同时匝间绝缘也将破坏。由此可见，在绕组的绕制时，首先要将重点放在保证支撑结构的稳定度之上，不管是垫块和线饼还是两个线饼之间，均必须不留空隙，同时还要保证压紧力不过大也不过小，轴向的合力必须保证是正值，同样要保证一定的裕度，当然裕度应该满足规定的范围，防治线饼出现倒塌的状况发生。

（3）固有谐振频率的影响。当绕组轴向所产生短路力的频率与其本身的频率相近时，那么就会造成谐振现象，谐振会对绕组造成很大的损坏。

（4）不平衡安匝的存在。有很多不同的因素均会导致安匝不平衡的发生，其中的决定因素是在设计和制作过程中没能合理地调整好油道高度和线匝分布。显然，短路电流将增强安匝不平衡造成的负面效果，增大绕组漏磁通密度，使得其不对称性大大提高，如果加上轴向短路力的影响，甚至或使导线出现弯曲变形。

（5）其他原因。高低压侧绕组的高度不一、绝缘垫块排列不齐、导线的宽度和厚度不匹配、铁芯柱铁轭铁不垂直等都是绕组轴向失稳的成因。

3.6.2.4　变压器其他部位压缩应力

（1）纸绝缘上的压缩应力。壳式变压器线饼中导线纸绝缘上的压缩应力 σ_{pi} 为

$$\sigma_{pi} = \frac{F_W}{S_{pi}} \times 10^{-6} \tag{3-16}$$

式中：σ_{pi} 为导线纸绝缘上的压缩应力，MPa；F_W 为每饼所受短路力，N；S_{pi} 为线饼辐向面积，m^2。

（2）垫块上的压缩应力。壳式变压器线饼垫块上的压缩应力 σ_{sp} 为

$$\sigma_{sp} = \frac{F_W}{n_{sp}S_{sp}} \times 10^{-6} \tag{3-17}$$

式中：σ_{sp} 为垫块上的压缩应力，MPa；F_W 为每饼所受短路力，N；n_{sp} 为线饼

用垫块数量；S_{sp} 为线饼辐向面积，m^2。

对于绝缘材料绝缘纸和垫块，受到短路力的作用，会产生纤维断裂，甚至整体撕裂，引起缺陷。宏观上的表现是其耐电性能的降低。

（3）相间楔形块上的压缩应力。壳式变压器相间楔形块上的压缩应力 σ_{iw} 为

$$F_t = F_{W\max} \cdot \frac{M_T - 2H}{M_T} \tag{3-18}$$

$$\sigma_{iw} = \frac{F_t}{S_t} \times 10^{-6} \tag{3-19}$$

式中：F_t 为铁芯窗外短路力，N；$F_{W\max}$ 为线饼所受最大短路力，N；M_T 为每饼平均匝长，m；H 为铁芯叠即高度，m；σ_{iw} 为楔形块上的压缩应力，MPa；S_t 为楔子面积，m^2。

短路力的作用下，原本已经密化处理并机械稳定过（通过材料预处理，恒压干燥等措施消除材料的塑性变形）的垫块，随着纤维的断裂，会重新出现可压缩的塑性变形量，宏观表现为垫块压缩率的增大，压缩率的增大会削弱绕组整体的抗短路预紧力，使之松弛并最终失效。随之产生的隐患是如果未来发生短路事故，绕组轴向会产生缝隙，可能振动并撞击损坏绝缘或支撑。除了这些方面，开关引线的内应力累积，套管引线的内应力累积，也都有可能造成开关及套管等附件的损坏。

3.6.2.5　短路力累积效应

短路电动力累积效应，指的是变压器某些性能参数在短路电动力作用过程中发生不可逆的微小变化，并随短路次数的增多，这种变化逐渐扩大化的现象。短路电动力累积效应主要起源是电网中存在易短路区域或随着系统进行多次重合闸，短路有重复发生的可能性，网络中的变压器随之面临着承受多次短路的风险，因此变压器短路累积效应是变压器校核时考虑的重要因素。短路后变压器可能立即损坏或发生二次损坏并明显地表现出故障异常，随着变压器设计生产能力的提高，或所承受短路电流较小时，变压器绕组可能仅仅发生微小变形，并暂时不会影响正常的运行，但根据变形情况不同，当再次遭受并不大的过电流或过电压时，甚至在正常运行的铁磁振动作用下，也可能导致变压器的机械失效甚至绝缘击穿事故。所以，在雷击或突发事故中，也很可能隐藏着绕组变

形性故障因素。不过，多次流过的短路电流仍然是变压器绕组变形的主要因素。

目前，常采用经验算法和理论分析法对变压器短路电动力累积效应进行衡量，工程上往往根据状态检测结合经验算法，提出短路电动力系数作为衡量短路程度的指标，当累计短路电动力系数达到限定值，就应对变压器进行吊罩检查。

理论分析变压器累积效应的思路是：首先，通过模型计算分析，当多次短路冲击累积达到一定程度时就有可能导致绕组失稳；其次，再通过仿真计算讨论变压器关键特征值与绕组变形的相互关系。

3.6.3　变压器抗短路电流能力校核方法

随着电网的发展以及变压器的使用，一方面短路电流水平的增高有可能超越了变压器原本能承受的限值；另一方面，变压器绕组在经受短路电流冲击后，其抗短路能力会受到影响。因此，对变压器抗短路能力进行校核，提前预知变压器能承受的短路冲击大小和次数，将有助于变压器维护和保养，进而有利于电力系统安全运行。

变压器的抗短路能力包含了动稳定能力和耐热能力两部分，但在实际运行中变压器因耐热能力不够而遭到损坏的事故很少，因此，变压器抗短路能力校核主要针对的是其动稳定性方面的评估。

变压器制造厂一般采用两种方法来验证变压器的抗短路强度：一种方法是进行变压器耐受短路电流能力的试验，以确保变压器在运行中能承受一定次数的短路电流；另一种方法是依靠一定的计算和设计原则来保证变压器的抗短路能力，由于很多时候会因为技术和经济等方面的条件限制，变压器抗短路能力强弱较难通过常规试验来验证，因此从设计准则出发，对每台变压器进行抗短路能力的校核计算也是同样重要。

1. 变压器抗短路电流能力试验校核

荷兰电工器材试验所（KEMA）试验室从 1937 年开始对产品进行短路试验，已进行短路试验的最大试验品为 400MVA/400kV，在国际上有很高的知名度，它所做的试验在世界范围内有效。

ABB 集团采用了试验法对变压器抗短路能力进行校正，1954 年进行，ABB 集团第一次针对一台 60MVA/150kV 三相变压器进行了短路试验，当时变压器由两台发电机并联施加在三相故障，故障电流达到9倍额定电流。后来，ABB集团根据自己的安排和用户要求进行了多次试验，这些试验包括很宽范围的不同设计结构，得到了有价值的数据知识，对于变压器设计和制造具有很重要的意义。

国内方面，由保定天威集团大型变压器公司更新制造的4万kVA发电厂用分裂变压器，在国家变压器质量检测中心虎石台强电流试验站进行全电压短路电流试验获得成功。

2. 变压器抗短路电流能力计算校核法

日本变压器专业委员会是根据弹性理论，由承受幅向压力的薄壁圆筒的幅向稳定公式推导出来变压器校核方法，同时考虑了实际变压器绕组与薄壁圆筒的差异，即不仅考虑到绕组的具体结构、绕制方法，还考虑到了绕组内撑条的有效支撑点数等。我国浙江、山东、江西、上海等电力公司曾经采用此方法对变压器抗短路能力进行校核，根据应用结果表明，凡是发生幅向失稳的变压器，其幅向稳定性都不满足该校核方法；凡是幅向稳定性通过校核的变压器，在短路后变压器不容易发生幅向失稳情况。

早期在校核绕组抗短路能力时，先计算轴向短路力及辐向短路力共同产生的合应力，若合应力不超过导线按非比例拉伸达到计量长度的 0.20%时的拉伸应力时，则认为抗短路强度满足要求。但是实际经验证明，这种方法只适合于承受拉应力的外线圈抗短路强度校核，对于承受压应力的内线圈并不适用。为此，有学者提出的绕组抗短路能力校核中可以将辐向和轴向强度分开校核。

3. 变压器抗短路电流能力校核流程

目前电力系统不断改进升级，变压器面临多次来自系统中的短路电流冲击，其安全性与否必须进行检查，其中变压器短路能力核算是重点工作，即变压器抗短路电流能力校核。变压器校核可以发现变压器运行过程中产生的安全隐患，常常采用计算法，流程如下：

第 1 步，根据国际标准和行业标准，划分变压器校核等级，一般可划分 5 个等级：

1级表示抗短路能力优，即具有较强的抗短路能力。

2级表示抗短路能力良好，能够承受中等程度短路冲击。

3级表示抗短路能力一般，存在一定的安全隐患。

4 级表示抗短路能力较差，容易受到短路冲击，发生故障。

5 级表示抗短路能力很差，特别容易受到短路冲击的影响，发生故障。

等级划分越多，对校核结果的说明越详细。

第 2 步，根据考核电力变压器的相关参数，利用电力系统实际参数、架构以及运行信息，计算出其发生各种外部短路时的各类短路电流，包括对称短路和非对称短路。

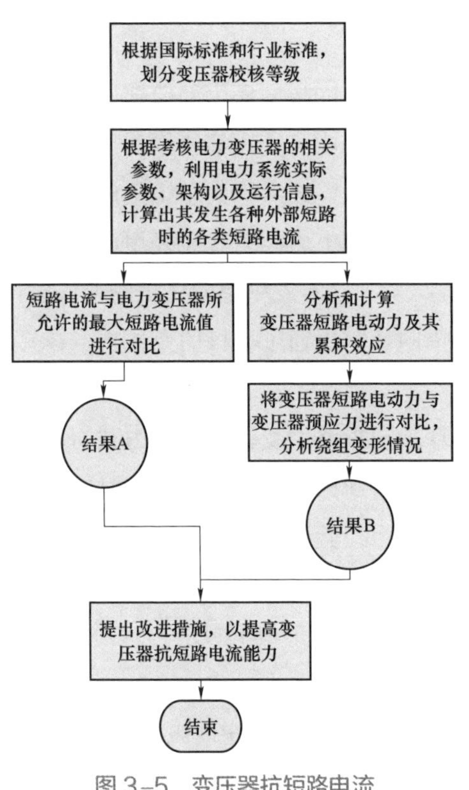

图 3-5 变压器抗短路电流能力计算法校核流程

第 3 步，根据计算出来的短路电流，与电力变压器所允许的最大短路电流值进行对比，得到基于短路电流的变压器抗短路能力评测结果 A。

第 4 步，根据计算的短路电流，建立有限元分析模型，求出电力变压器绕组磁密分布，进而求出相应的变压器短路电动力。

第 5 步，考虑短路电动力的累积效应，评估绕组变形程度耐受次数，将变压器短路电动力与变压器预应力进行对比，分析绕组变形情况，评估变压器抗短路能力，得到评测结果 B。

第 6 步，根据评测结果 A 和评测结果 B，利用综合评测分析方法得到最终评测结果，根据校核结果提出相应的改进措施。

具体流程参见图 3-5。

3.6.4 变压器抗短路电流能力影响因素

1. 设计方面

（1）变压器绕组的安匝不平衡程度。变压器绕组受到的轴向力是由短路电流与幅向漏磁场共同作用而产生的，而安匝的不平衡程度又决定着幅向漏磁场的大小。

（2）变压器短路阻抗较小。由伏安定律可知，变压器的短路阻抗较小会引起短路电流的增大。

（3）不合理的变压器绕组端部绝缘结构。

（4）导线的幅向厚度不足，变压器的抗短路能力与导线的厚度有着密切关系，一般来说，导线的辐向厚度越大，变压器的抗短路能力越强。

2. 工艺方面

变压器制造工艺方面，最容易造成变压器抗短路能力下降的原因有两个：一个是变压器垫块的轴向力分布不均匀，导致变压器线匝因局部承受过大的轴向力而发生变形；另一个是制造过程中不能保证变压器绕组的轴向高度一致。

3. 电力系统运行方面

（1）继电保护动作的可靠性。对变压器短路损坏影响最大的除了短路电流幅值以外，短路电流持续时间也是必须重点考虑的因素。如果继电保护动作不迅速会使变压器受到更长的短路冲击。

（2）低压线路自动重合闸的使用。由于变压器低压侧电缆出线或短架空出线的故障多为永久性故障，重合闸投入对提高其运行可靠性作用不大。而且永久性故障时，若投入重合闸，重复的短路冲击对变压器造成的损坏更大，还可能扩大事故。

3.6.5 提高变压器抗短路电流能力措施

提高变压器抗短路能力的根本措施，主要靠制造厂改进设计、完善工艺、选用性能好的材料、通过试验验证，提高变压器耐受短路冲击的能力；或者根据短路时变压器绕组所承受的电动力及其作用情况，在结构上进行优化，也可以提高变压器承受短路冲击的能力。

然而，变压器价格昂贵，也是电力系统重要的设备，一旦投运，需要运行长达数十年之久，规划时变压器耐受的短路电流水平一般会高于系统短路电流水平，随着系统的发展，系统短路电流水平超出了变压器耐受能力而使变压器面临短路电流冲击下的绕组变形风险，在此种情况下，更换变压器需要巨大的投资，为此，在系统运行中，常采用优化继电保护配合时间的方法，缩短短路电流对变压器的作用时间，或者采用限流技术降低变压器近区短路电流水平。

3.6.5.1 变压器设计规范建议

制造厂家在设计时，除要考虑变压器降低损耗和提高绝缘水平外，还要考虑提高变压器的机械强度和抗短路故障能力。

设计时，应首先开展变压器在短路时产生的动态机械力的研究，使目前计算轴向力和轴向应力的方法更适合短路时力的分布与大小的实际情况。电力变压器中性点运行方式不同，发生短路时的情况不同，短路初期暂态电流的大小、方向和过程也不相同，因而产生动态机械力不相同。设计时不仅要保证抗短路能力，还要考虑制造成本，应根据电力变压器中性点运行方式以及短路时出现的最大暂态电流计算动态机械力，作为抗短路能力的设计参数。

其次，选择合适的结构和材料。如将变压器低压绕组导线截面增大，提高导线抗弯强度，减少垫块在轴向所占的比例，以减少垫块在运行中继续收缩造成的绕组轴向尺寸的变化。

在设计中尽量使各个绕组安匝平衡，如对有调压分接段绕组，把分接段设计成独立绕组。绕组尤其是低压绕组的电流密度应合适，绕组导线宽度适当增加，导线刚度增大，电流密度下降，单位电动力减小，这样承受短路能力就得以提高。绕组纸筒采用成型硬纸筒。增加绕组圆周方向的挡数，并增加外撑条，提高绕组的抗弯强度。增加压钉数量或采用弹簧压钉等措施。

此外，对于一些原本设计不规范、尚未到达服役年限的老变压器进行技术改造：对变压器铁芯的牢固方式进行强化，低压绕组导线在规格的选取及绕组方式上进行改进。选取符合规格的导线，在进行导线绕组的时候防止导线扭曲变形；保证三相线圈的相位位置充分压紧，防止短路变形。

3.6.5.2 变压器制造工艺与结构建议

在制造工艺方面，由于很多变压器都采用了绝缘压板，且高低压线圈共用一个压板，这种结构要求要有很高的制造工艺水平，应对垫块进行密化处理，在线圈加工好后还要对单个线圈进行恒压干燥，并测量出线圈压缩后的高度；同一压板的各个线圈经过上述工艺处理后，再调整到同一高度，并在总装时用油压装置对线圈施加规定的压力，最终达到设计和工艺要求的高度。在总装配中，除了要注意高压线圈的压紧情况外，还要特别注意低压线圈压紧情况的控制。由于轴向力的作用，往往使内线圈向铁芯方向挤压，故应加强内线圈与铁芯柱间的支撑，可通过增加撑条数目并采取厚一些的纸筒作线圈骨架等措施来提高线圈的轴向动稳定性能。

1. 工艺方面

（1）对所有绝缘垫块进行预密化，使垫块的收缩率降到最低程度。

（2）绕组绕制采用有效的拉紧导线装置，使线饼紧密。对绕组的出头位置、换位处、有匝间垫条处要用热缩性材料牢固绑扎，以防止在电动力的作用下线饼松动。

（3）绕组卷制完工后，要采用恒压干燥工艺，其主要目的是使绕组高度尺寸保持稳定。所有固体绝缘材料都必须进行倒角处理，因为尖角和棱边在短路力的振动中会损伤绕组绝缘。

（4）在线圈整体套装时，缺乏整体套装生产装备和工艺经验，又没有手段来保证线圈间高度差的制造厂，建议线圈端部紧固工艺采用各自的压圈各自整体压紧，而不可用多块的绝缘纸板来压紧，以减少受力不均匀。

（5）低压绕组与铁芯间应采用进口纸板做成的绝缘硬纸筒，中低压或高中压绕组间应适当增加绝缘长撑条。

（6）高、低压绕组总装前最好先分相预套装。此时低压垫块不能再动，只能配高压垫块，其目的是使高、低压绕组最终高度一样。

（7）器身总装后要用油压千斤顶先行压紧，然后才紧压钉。压钉要压到垫块有效面积。压力不足即预压力小，绕组松，承受不了短路电动力；过大则会导致导线绝缘压破。

2. 结构方面

（1）目前压板大多采用层压木，属于脆性材料，因受到轴向力的作用，压钉底面积要加大，以减少压板承受压钉的压力。

（2）低压引线载有很大的电流，在短路时，三相引出铜排之间受到吸引力或排斥力的作用，要用绝缘支撑件与夹子紧固好。

（3）整体结构方面，变压器要经过长途运输才能到达强电流试验站，这和经长途运输到达安装工地一样，器身不得有位移、变形及损伤现象。

3. 选型方面

（1）在选用的高压绕组是有载调压的三绕组三相变压器时，中压绕组不宜再设无载调压抽头绕组，否则变压器安匝不平衡，将导致承受短路能力下降。

（2）由于自耦变压器高中压绕组间存在电路的直接连接，安匝始终处于不平衡状态，抗短路能力差；且自耦变压器具有传递过电压倍数高，零序保护灵敏度低等缺点，故应尽量避免选用自耦变压器。

（3）建议将短路阻抗提高到14%～15%，对三线圈变压器应按 GB 1094.5—2008《电力变压器　第5部分：承受短路的能力》规定值高限选取。

（4）选择已通过突发短路试验型号的变压器。

（5）变压器低压侧设备如开关等，应尽量选用绝缘水平高、能全工况运行的设备，以减少出口短路概率。

4. 运行方面

（1）变压器低压侧设备如开关等，应定时检测，做好预防性试验以确保其安全可靠运行。

（2）要经常对变压器绕组变形进行测试。我国规程及 IEC 标准均规定，变压器短路试验前后，短路阻抗绝对值变化小于 2%时，判断试验通过。大量试验表明，当短路阻抗绝对值变化大于 5%时，便可确定变压器在某些方面有异常。

3.6.5.3　完善变压器绕组变形试验

变压器绕组变形试验，对于发现变压器绕组缺陷具有重要的意义，对新投变压器进行绕组变形试验，取得其初始绕组频率响应数据，并定期开展绕组变形试验，对于开展变压器绕组状态评价及检修计划安排具有十分重要的参考意义。

在检修周期内，建立健全变压器绕组变形数据库，提高绕组变形试验水平，提高判断准确度。开展未做绕组变形测试的变压器排查与测试工作，保留测试数据。完善的数据库将有利于正确的状态水平评价与检修计划安排。

当变压器遭受出口短路冲击时，绕组变形数据库中所储存的基础数据可以与事故后测试数据进行比对，从而判断变压器变形程度，根据比对结果，可以对变压器能否继续运行做出评价。对未发生明显绕组变形的变压器，及时投入运行，不仅可以节省大量人力、物力与财力，还能缩短检修周期，提高状态检修水平。

对于运行年久、温升过高或长期过载的变压器，应在绕组变形的时候同时进行变压器油色谱分析，以确定绝缘老化程度，必要时进行进一步绝缘老化鉴定。

3.6.5.4 加强新变压器的选型和监造工作

在设备选型中，严格遵循有关选型标准和原则，严格按照招标技术文件的要求，选用成熟、可靠的变压器厂家的产品，杜绝抗短路冲击能力差的变压器投入电网运行。

对设备选型时，应充分考虑现有设备结构状况，取消冗余功能，选择可靠结构，在充分考虑电网短路容量与设备的动稳定性能之后，再确定设备参数，根据电网实际需求合理配置分接开关，对性能参数的要求应和目前制造水平及材质状况相适应。

设备选型时，优先选用经过突发短路型式试验合格的设备，必要时对设备进行抽检短路耐受试验。

优先选用采用先进设计的设备，当先进性与设备的可靠性有矛盾时，首先考虑可靠性。充分考虑工艺和材质的分散性，在关键的部位应留有足够的裕度，设计时按照高温条件进行抗短路能力的设计。对特殊部位（如换位、螺旋口）要进行抗短路能力校核计算。优先采用独立调压绕组结构。尽量采用半硬以上的自粘型换位导线和组合导线；轴向压紧亦采用弹簧压钉，采用高密度整体垫块。

3.6.5.5 加强设备运行管理工作

在设备运行阶段，提高运维检修水平，改善变压器运行环境，避免近区短路事故的发生，从而减少变压器短路事故，提高电网运行可靠性。

运维人员应加强变压器的检查和维护保修管理工作，应根据变压器的运行状况结合大修对有隐患的变压器进行吊罩检查，保证变压器处于良好的运行状况，并采取相应措施，降低出口和近区短路故障的几率。

3.6.5.6 加强用户侧和施工管理

为尽量避免系统的短路故障，应针对近年来由于用户侧设备故障造成变压器遭受冲击事故的情况，对专线用户进行全面的清查治理，要尽量减少因用户故障而造成主设备事故的发生。

加强对用户设备的审查，要求用户配备能可靠动作的继电保护装置，在事故发生时，能迅速切除故障，避免事故进一步扩大。同时，加强对用户设备的监督管理，要求用户按电力行业的相关规定，积极认真地由具有相关资质的单位进行每年一次的保护定检和设备预防性试验工作。

此外，现场进行变压器的安装时，必须严格按照厂家说明和规范要求进行施工，严把质量关，对发现的隐患必须采取相应措施加以消除；其次，应尽量对因短路跳闸的变压器进行试验检查，可用频率响应法测试技术测量变压器受到短路跳闸冲击后的状况，根据测试结果有目的地进行吊罩检查，这样就可有效地避免重大事故的发生。

3.6.5.7 使用可靠的继电保护与自动重合闸系统

系统中的短路事故不能绝对避免，特别是 10kV 线路因误操作、小动物进入、外力以及用户责任等原因导致短路事故的可能性极大。因此对于已投入运行的变压器，应配备可靠的供继电保护系统使用的直流电源，并保证保护动作的正确性。此外，还应尽量对因短路跳闸和遭受短路冲击的变压器进行试验检查，以有效避免重大事故的发生。

目前已有些运行部门根据短路故障是否能瞬时自动消除的概率，对近区架空线或电缆线路取消使用重合闸，或者适当延长合闸间隔时间以减少因重合闸不成而带来的危害，并且应尽量对短路跳闸的变压器进行试验检查。在运行中应对遭受短路电流冲击的变压器进行记录，并计算短路电流的倍数。

3.6.5.8 适当的采用短路电流限制技术

短路电流限制技术能够降低流过变压器的短路电流水平，当系统方发生短路故障时，流过变压器绕组短路电流因限制技术而降低后，所产生的机械效应、热效应将随之减小，其效果与提高了变压器抗短路电流能力一样，短路电流限制技术将在第 4 章中具体介绍。

第4章 短路电流限制技术

4.1 短路电流增大原因分析

导致短路电流水平不断增大的原因是发电机的单机容量不断增大、发电厂建设过于集中、主干系统线路短、跨省际联网等。电源布局在规划设计时按照负荷分布配置，避免过度集中。然而，随着人们对环境保护及安全性认识的提高，以及随着经济建设的发展、土地利用程度的提高，要确保电厂建设用地变得十分困难。由此出现了发电厂发电机组台数增加以及几个发电厂集中一带建设，形成电站群的现象。如乌昌电网，电源建设就高度集中，主系统各站距离短。为减少电源投资和系统备用，乌鲁木齐电网采用750kV环网运行方式，以加强电力系统的结构，提高供电的可靠性，并为了保障电源高效率运行，电力系统经跨省际联网形成大系统。

大电力系统具有明显的优越性，如可以合理开发与利用能源，节省投资与运行费用，提高经济效益，减少事故和检修备用容量；另一方面，大系统也带来了潜在的威胁，如系统联网使得系统运行和调度管理上增加了复杂性，局部电网的个别问题将波及临近地区，可能诱发恶性连锁反应，造成大面积停电事故，高低压电磁环网容易引发系统稳定破坏事故等。上述种种原因使得各电压等级电网中短路电流不断增加，当短路电流水平超过了电网中变压器可以承受的能力时，就必须采取措施限制短路电流。

此外，大量的新电源投产，进一步造成了电网结构紧密，电源密集，使超特高压系统的短路电流水平剧增。

众所周知，电力系统发生短路故障时，短路电流一般为额定电流的十几倍，这给变压器、发电机、输电线路等电气设备造成很大危害。随着各类型用电企业的发展壮大，用电负荷大举攀升，主变压器容量也相应增大，各企业电网系统面临短路电流已经接近和达到负载真空断路器的最大使用极限，负载侧真空断路器开断容量不足、变压器抗短路电流冲击能力设计不足等问题，也严重威胁着企业安全运行。

4.2 短路电流限制机理

系统发生的短路故障可分为相间短路与接地短路两类，且可按其短路时系统阻抗不同，可分为对称短路与不对称短路两种不同情况，其中产生短路电流最大，同时也是用于衡量节点短路电流水平、校验节点短路容量的是系统三相短路故障。中低压配电网发生三相短路故障时，可将其视为短路回路中等值阻抗远大于电源内阻，即无限容量系统发生三相短路故障的情况，认为电源侧端电压基本保持恒定。典型三相系统电路如图 4–1 所示。

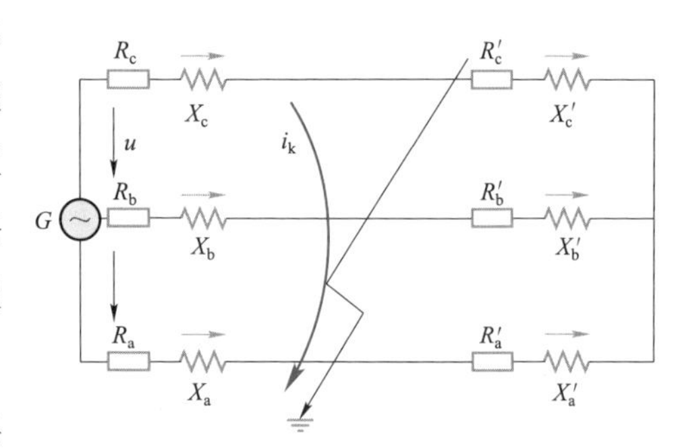

图 4–1 典型三相系统电路图

故障发生前系统处于稳态，三相处于对称运行状态，此时其中任一相的电压电流为

$$\left.\begin{aligned} u_U &= U_m \sin(\omega t + \alpha) \\ i_U &= I_m \sin(\omega t + \alpha - \varphi) \end{aligned}\right\} \qquad (4-1)$$

式中：U_m 为电压幅值；$I_m = \dfrac{U_m}{\sqrt{(R+R')^2 + (X+X')^2}}$ 为电流幅值；阻抗角 $\varphi = \arctan\dfrac{X+X'}{R+R'}$；$(R+R') + \mathrm{j}(X+X')$ 为短路前阻抗；$R+\mathrm{j}X$ 为短路后阻抗；α 为电压初相角。

故障发生时，系统由故障点开始被分为两个独立回路，故障点右侧系统无电源，电流将从短路瞬间的短路电流 i_k 不断衰减直至磁场中存储的能量全部变为电阻消耗的热能为止；左侧电路则仍与系统电源相连，但其阻抗减小至 $R+\mathrm{j}X$，使得系统电流增大。

假定故障发生于 $t=0$ 时刻，则左侧电路中各相电流

$$Ri_{\mathrm{k}} + L\frac{\mathrm{d}i_{\mathrm{k}}}{\mathrm{d}t} = U_{\mathrm{m}}\sin(\omega t+\alpha) \tag{4-2}$$

则

$$i_{\mathrm{k}} = \frac{U_{\mathrm{m}}}{Z}\sin(\omega t+\alpha-\phi_{\mathrm{k}}) + C\mathrm{e}^{-\frac{t}{T_{\mathrm{a}}}} = I_{\mathrm{pm}}\sin(\omega t+\alpha-\phi_{\mathrm{k}}) + C\mathrm{e}^{-\frac{t}{T_{\mathrm{a}}}} = i_{\mathrm{p}} + i_{\mathrm{np}} \tag{4-3}$$

式中：i_{p} 为短路电流强制分量，是由电源电动势而产生，其幅值在暂态过程中不发生改变，但其将随电源周期性变化，故又被称为周期分量；$I_{\mathrm{pm}} = \frac{U_{\mathrm{m}}}{\sqrt{R^2+X^2}}$ 为 i_{p} 幅值；Z 为短路回路每相阻抗 $R+\mathrm{j}X$ 的模值；$\varphi_{\mathrm{k}} = \arctan\frac{\omega L}{R}$，为阻抗角；$i_{\mathrm{np}}$ 为短路电流自由分量，与外部电源无关，其依指数函数而逐步衰减至 0，又称非周期分量；C 为积分常数，由初始条件决定，即非周期分量的初值 i_{np0}；$T_{\mathrm{a}} = \frac{L}{R}$ 为短路回路时间常数，反映了自由分量衰减的快慢。

由于系统中电感的存在，系统电流不能突变，则短路前与短路瞬间电流值相等，则由式（4–1）与式（4–3）可得

$$C = I_{\mathrm{m}}\sin(\alpha-\varphi) - I_{\mathrm{pm}}\sin(\alpha-\varphi_{\mathrm{k}}) \tag{4-4}$$

得到短路电流计算公式

$$i_{\mathrm{k}} = I_{\mathrm{pm}}\sin(\omega t+\alpha-\varphi_{\mathrm{k}}) + [I_{\mathrm{m}}\sin(\alpha-\varphi) - I_{\mathrm{pm}}\sin(\alpha-\varphi_{\mathrm{k}})]\mathrm{e}^{-\frac{t}{T_{\mathrm{a}}}} \tag{4-5}$$

其余各相中 α 分别超前、滞后 120°，则可由此获得其余各相电流表达式。而系统短路容量的整定也是由 i_{k} 所决定。短路容量等于短路电流有效值乘以短路节点处额定电压得到，即

$$S_{\mathrm{k}} = \sqrt{3}U_{\mathrm{av}}I_{\mathrm{k}} \tag{4-6}$$

采用标幺值表示时，节点处短路电流与短路容量、总电抗的关系为

$$I_{\mathrm{k}} = I_{\mathrm{d}}I_{\mathrm{K}}^{*} = \frac{S_{\mathrm{d}}}{\sqrt{3}U_{\mathrm{d}}}\frac{1}{X_{\Sigma}^{*}} \tag{4-7}$$

由以上各式可知，节点短路电流幅值 I_{k} 大小直接取决于电压幅值、短路回路总阻抗与电压初始相角 α，其中，电压幅值与电压初始相角难以通过附加设备等方式控制，最简单、行之有效的方法便是增大系统阻抗，如采用高阻抗变

压器、线路串联电抗等方法进行节点短路电流限制，除此之外，利用系统本身的结构和参数也可以起到降低短路电流的效果。

4.3　调整系统网架结构限流

通过选择发电厂和电网的电气主接线，可以达到限制短路电流的目的。为了限制大电流接地系统的单相接地短路电流，可采用部分变压器中性点不接地的运行方式，还可采用星形—星形接线的同容量普通变压器来代替系统枢纽点的联络自耦变压器。在降压变电站内，为了限制中压和低压配电装置中的短路电流，可采用变压器低压侧分列运行方式。

将出现短路电流问题厂站的母线分列运行，是较为简单、方便的方法。但是母线分列运行带来的问题也是显而易见的，在母线分列之后，系统的电气联系降低，潮流的流通方式减少，这不仅削减了系统的安全裕度，也降低了运行的灵活性和可靠性。同时，母线分列运行还会出现诸如同一厂站的变压器所带负荷不均匀的问题。在电网的实际运行和规划中，从短期来说，最常见的措施还有改变电网的接线，如拉停线路，从物理上改变厂站间的电气距离，进而有效降低短路电流过高的厂站，这是较为经济的措施，但对短路电流的限制效果有限。

改善电网结构较为典型的措施是电磁环网解环，如500kV作为主干网架，对下一级电网即220kV电网来说起到支撑作用，一旦在500kV原有基础上进行分区运行，将会对220kV电网的规划和运行产生较大的影响。因此在条件允许的情况下，降低220kV区域电网间的联系，将220～500kV电磁环网解环是最直接的电网分区运行的措施，可以有效降低电网中的短路电流。但由于系统可靠性、备用容量、输电线路限额、系统稳定性等多方面的限制，电网解环的条件较为苛刻，需要合理规划并加强500kV电网结构。

电磁环网解环条件：

（1）系统稳定及热稳定条件。电磁环网的弊端在于上一级电网线路跳闸后，功率转移到低电压等级线路上，导致线路及变压器过载，从而引起系统失稳，因此系统稳定及热稳定计算作为电磁环网解环的首要条件。

（2）短路电流限制。随着现代电网的发展，系统不断增强，传统功角稳定破坏几率逐步下降，短路电流持续攀升成为威胁电网安全的突出矛盾。因此解开电磁环网，降低短路电流，增强系统的安全成为电磁环网是否解环的重要原因。

（3）系统潮流分布及降损。电磁环网的高低压网络并列运行时，潮流按照高低压网络的阻抗进行分配，难以通过有效的手段进行调控，因此潮流分布及网损成为电磁环网是否解环的又一重要原因。

（4）电力电量平衡。电磁环网解环是电网结构的重新调整，解环后的目标网架应保证电力电量的分区平衡，以保证供电的充足性、可靠性。

（5）无功电压平衡。在电磁环网是否开环方面，电压水平、无功功率能否实现分层分区就地平衡，也是决定电磁环网是否开环的重要因素之一。解环后，每个区域内应尽可能保证有一定容量的电厂，以保证分片后的电网内有动态无功支撑能力。

采用高阻抗变压器的实质是通过增加变压器的阻抗降低短路电流。但这样的措施需要更换全新的变压器，投资较大，同时，由于变压器自身阻抗的增大，会导致损耗以及变压器上压降的增加。

加装限流电抗器包括在变压器中性点上加装接地小电抗，线路上加装串联电抗器，母线上加装串联电抗器等措施，虽然这样的措施较更换高阻抗变压器更便宜，但所能起到的限流作用也很有限，与高阻抗变压器一样，这类措施也存在诸如网络损耗增加等弊端。

不过，当调整运行方式不足以降低短路水平时，还需要考虑加装限流设备。

4.4　调整中性点接地方式限流

当中性点采用直接接地方式运行的系统中发生接地短路时，系统内将会出现很大的零序电流。零序电流的分布由系统的零序阻抗决定，与电源的位置和数量无关。

某一系统短路时接线图如图4-2所示，对应的零序等值网络如图4-3所示。

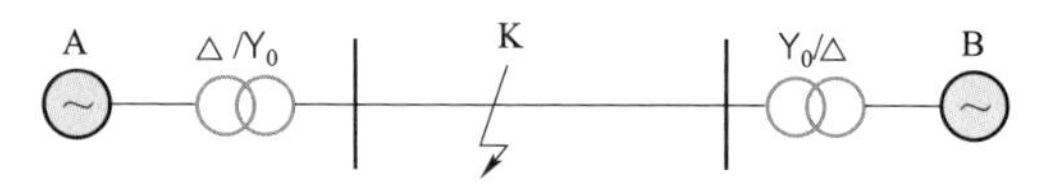

图 4–2　某系统发生接地短路时接线图

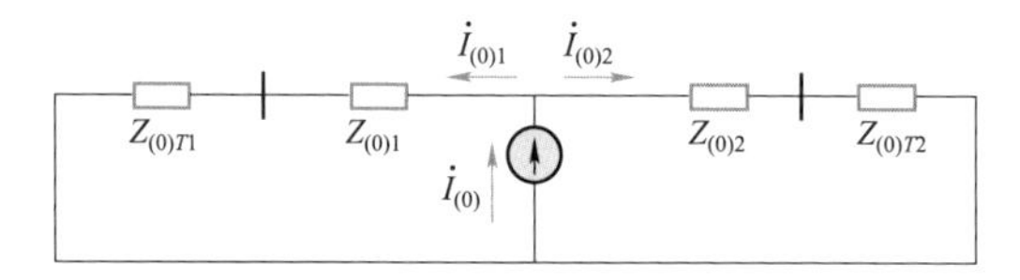

图 4–3　系统发生接地短路故障时零序等值网络

线路 K 点发生单相接地短路时，有

$$\dot{I}_{(1)} = E / (Z_{(1)} + Z_{(2)} + Z_{(0)}) \tag{4–8}$$

$$\dot{I}_{(0)1} = \dot{I}_{(0)}(Z_{(0)2} + Z_{(0)T2}) / (Z_{(0)2} + Z_{(0)T2} + Z_{(0)T1}) \tag{4–9}$$

式中：E 为系统的等效电源；$Z_{(1)}$、$Z_{(2)}$、$Z_{(0)}$ 分别为系统的正序阻抗、负序阻抗和零序阻抗；$Z_{(0)T1}$、$Z_{(0)T2}$ 分别表示变压器 T1 和 T2 的零序阻抗大小；$Z_{(0)1}$、$Z_{(0)2}$ 表示两条输电线路的零序阻抗。

当系统发生单相接地短路故障时，其对应的零序电流大小取决系统的零序阻抗，即线路的零序阻抗和接地变压器的零序阻抗。当图 4–5 中发电厂 A 的中性点接地变压器数量增多时，则变压器 T1 的零序阻抗 $Z_{(0)T1}$ 将会有所减小，从而将会使得接地短路电流 $\dot{I}_{(0)}$ 增大，线路分支上流过的电流 $\dot{I}_{(0)1}$ 也会随之增大，而另一分支上的电流 $\dot{I}_{(0)2}$ 将会减小；当发电厂 B 的变压器采用中性点不接地的方式运行时，对应的变压器 T2 的零序阻抗 $Z_{(0)T2}$ 为∞，所以，此时的 $\dot{I}_{(0)1}$ 将会增大，与 $\dot{I}_{(0)}$ 相同。随着电网容量的不断增大，中性点采用直接接地方式运行的变压器数量增多，这会使得系统对应的零序阻抗将大大降低，从而导致单相短路故障时电流很大，甚至超过断路器的遮断容量。所以，可以采用变压器中性点经小电抗接地的方式以限制短路电流。

由式（4–9）可知，当 $Z_{(0)T1}$ 和 $Z_{(0)T2}$ 增大时，$\dot{I}_{(0)1}$ 将会减小。通过上述分析可知，变压器中性点采用经小电抗接地方式运行后，由于含有后接的电抗项，导致变压器的等值电抗值增大，对限制短路电流具有很大的作用。

4.5 故障电流限制器

故障电流限制器（fault current limiter，FCL）也称短路电流限制器或简称限流器，英文名也可称为SCCL（Short-Circuit Current Limiter），是一种串联于电气回路中、可对故障电流包括其第一峰值进行有效限制的阻抗变换器件或具有限流功能的快速开断设备。正常运行时表现为零阻抗或微小阻抗，功耗应接近于零，最大不超过输送功率的0.25%，在电网发生短路故障的时候，迅速变成高阻抗以限制故障电流。

对FCL的共性要求是：① 动作速度快，反应时间小于20ms甚至更短；② 具有故障时自动触发功能；③ 能将短路电流减少一半以上；④ 故障线路被断路器开断后，能快速自动复位并在几秒之内多次动作，以配合重合闸；⑤ 工作可靠性应高于与其同时运行的断路器等设备。

从限流阻抗型和作用方式上，可将FCL分为阻抗型和非阻抗型。其中阻抗型又可分为电阻性、电感性和整流型，非阻抗型可分为爆破性和自愈合熔丝型等。

在电力系统发生短路时，会产生数值很大的短路电流。如果不加以限制，要保持电气设备的动态稳定和热稳定是非常困难的。因此，为了满足某些断路器遮断容量的要求，常在出线断路器处串联电抗器，增大短路阻抗，限制短路电流。由于采用了电抗器，在发生短路时，电抗器上的电压降较大，也起到了维持母线电压水平的作用，使母线上的电压波动较小，保证了非故障线路上的用户电气设备运行的稳定性。

4.5.1 故障电流限制器工作原理

由上节分析可知，限制节点短路电流最便捷也是最行之有效的方法便是在系统中通过串接电抗器的方式，提高系统总阻抗，使得短路电流I_k得到限制。串接限流电抗X_0^*后，节点短路电流为

$$I_{k1}=I_d I_{k1}^*=\frac{S_d}{\sqrt{3}U_d}\frac{1}{X_\Sigma^*+X_0^*} \tag{4-10}$$

式中：I_d、I_{k1}分别为限流前后的短路电流；S_d、U_d分别为系统短路容量和短

路电压；X_{Σ}^{*}为限流前系统的总阻抗；I_{K1}^{*}为限流系数。

由式（4–10）可知，通过串接适当参数的电抗后，系统短路电流I_{k1}可有效降低到系统可接受的水平以下。

发生短路故障时，FCL 开断时刻见图 4–4。

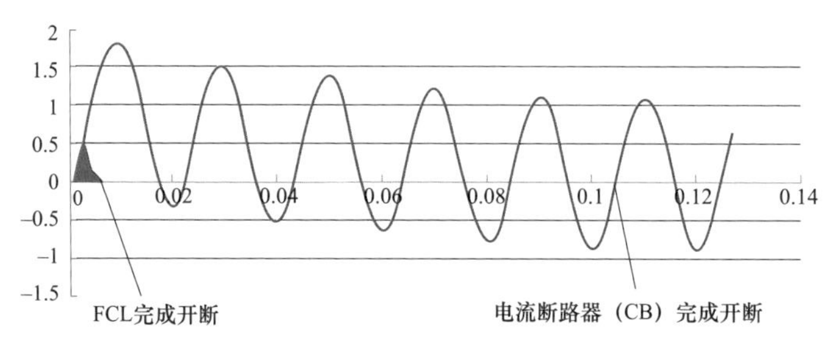

图 4–4 FCL 开断时刻示意图

对应的，FCL 限流效果见图 4–5 所示。

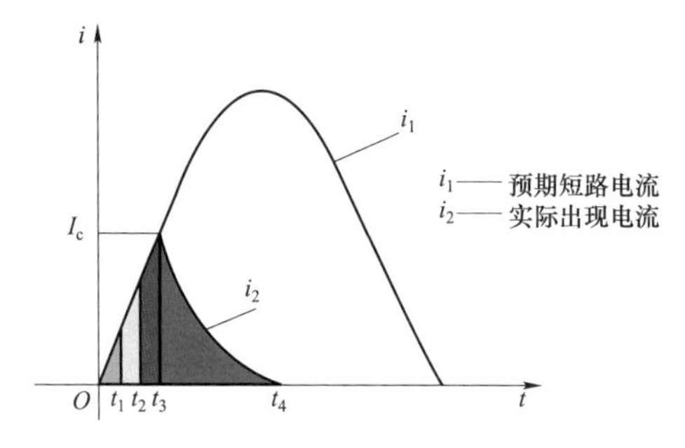

图 4–5 FCL 限流效果图

4.5.2 FCL 装置

4.5.2.1 超导故障限流器（SFCL）

超导故障限流器（Super-conducting Fault Current Limiter，SFCL）的研究在世界范围内已经引起广泛的关注，超导限流技术是一种全新的技术，它利用超导体的超导/正常（S/N）态的转变，由无阻态转移到高阻态，以达到限制电流的目的，超导限流器发生 S/N 转变的电流称为临界电流。系统正常运行时，传输电流在超导线的临界电流以下，超导体呈现一个非常小的阻抗，几乎为零，对系统运行无影响；一旦电网发生短路故障时，电路中的电流将上升，当短路电流大于临界电流时，超导体发生 S/N 态的转变，超导体“失超”（quench），由很小的阻抗表现为非线性高阻抗，以达到限制短路电流的目的。超导限流器还能在较高电压等级下运行，同时集检测、转换和限流于一身，能在毫秒级时间内有效的限制电流，而且可以人为的控制动作电流值，是一种极其理想的限流器。

目前超导限流器有多种类型，主要有四种类型：电阻型、饱和铁芯型、电感型、磁屏蔽型。

（1）电阻型超导限流器。电阻型超导限流器主要利用超导材料电阻的非线性进行限流。处于超导态时，超导材料具有零电阻特性，对电力输送不造成任何不利影响。故障电流发生时，强大的电流冲击使超导材料失超，其电阻急剧上升，从而起到限制短路电流的作用。电阻型超导限流器是一种集检测、触发、限流于一身的被动式限流器，从原理上看是一种理想的限流器。然而，实际应用中有两个问题制约了电阻型超导限流器的发展。首先是超导材料问题，目前超导材料的制备技术（包括块材、薄膜、线材）及加工工艺尚不能完全满足需要，尤其对大容量的超导限流器；其次，从原理上看，超导材料在限流时需经历失超过程，恢复时需重新进入超导态，恢复过程超导材料必须在制冷系统中进行热交换，这通常需要几秒的时间，很难满足电网的要求。

（2）饱和铁芯型超导限流器。利用超导材料零电阻和载流密度大的特性，使用超导绕组可以大强度、低损耗地对电抗器铁芯励磁，通过改变铁芯的磁化状态来实现限流器的通流、限流元件阻抗的变化。

图 4-6 是一个典型的饱和铁芯型超导限流器的基本结构示意图。

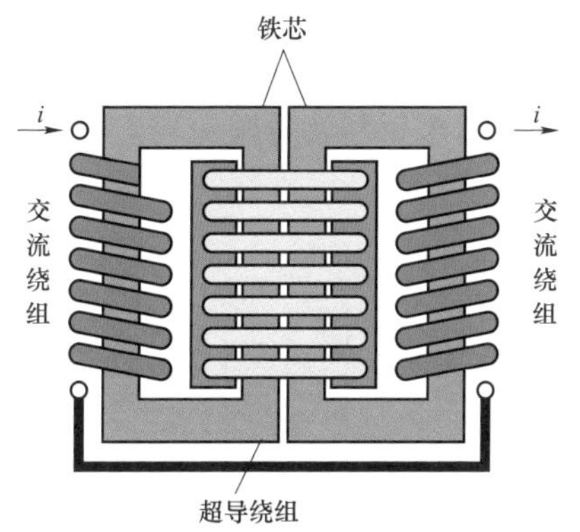

图 4-6 饱和铁芯型超导限流器的基本结构

图 4-6 中每一相有两个完全相同的磁性铁芯，每个铁芯上面套装一个常规绕组，两个常规绕组按一定方式连接组成限流器的通流/限流元件。在两个铁芯靠近的一对铁芯柱上环绕一个超导绕组，可以同时对两个铁芯励磁。当线路正常输电时，超导绕组将铁芯磁化到深度饱和状态，这时两个常规绕组环绕

的铁芯内部磁通密度的时间变化率 dB/dt 很小，所以绕组两端的电压降很小，即整个通流/限流元件的阻抗很小。当线路发生短路故障时，强大的短路电流产生的交流励磁安匝数将大大地超过超导绕组的直流励磁安匝数（有的设计会再在这时切断直流励磁回路），铁芯将无法一直保持饱和状态，其内的磁通密度的时间变化率 dB/dt 急速增加，导致常规绕组上的电压降大大增加，体现在整个通流、限流元件上的阻抗也随之显著增大，从而抑制线路的短路电流水平。

（3）磁屏蔽型超导限流器。磁屏蔽型超导限流器是利用超导材料的完全反磁性或超导材料在高于其临界磁场下会失超的特性设计、构建的限流器。

图 4－7 是磁屏蔽型超导限流器结构示意图，由里至外分别为铁芯、超导绕组（或超导圆筒）和常规绕组。

常规绕组串联在输电电路中，超导绕组两端短接后形成一个闭合的回路。正常输电时，由于处在超导态的超导绕组在任何时刻都会感应出一个与通过常规绕组的电流产生的磁场大小相等、方向相反的磁场，完全屏蔽了常规绕组产生的磁场对铁芯的影响，铁芯中的 dB/dt 为零。这也就意味着常规绕组两端的电压降几乎为零，限流器处于低阻抗状态。当线路发生短路故障时，常规绕组里的电流很大，所产生的磁场远大于超导绕组的临界磁场，超导绕组失超后所能产生的反向磁场很小，不再能够抵消常规绕组的磁场。这时常规绕组产生的磁场与铁芯耦合，铁芯中的 dB/dt 急剧增大，其两端的电压降也随之急剧增大，限流器处于高阻抗状态，限制短路电流的水平。超导圆筒的磁屏蔽和失超的原理也相同，具有与超导绕组相同的功能。

（4）电桥型超导限流器。图 4－8 所示为一个电桥型超导限流器基本结构。

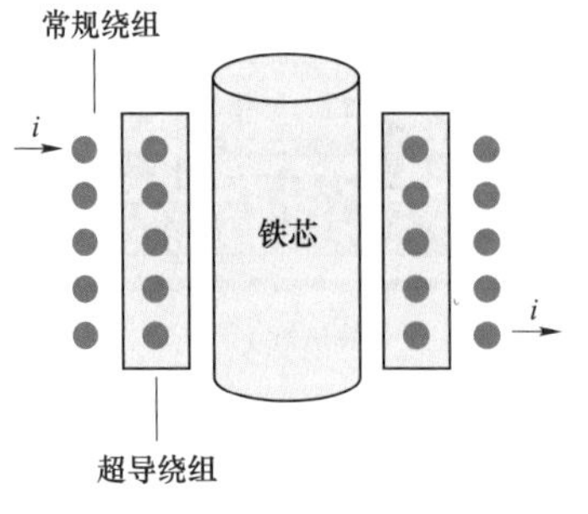

图 4－7　磁屏蔽型超导限流器的基本结构图

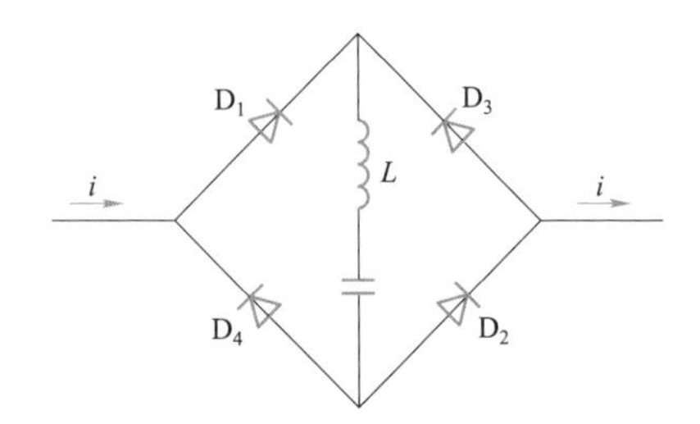

图 4－8　电桥型超导限流器基本结构图

电桥型超导限流器包括一个完整的整流电桥、一个超导限流绕组和一个电压源。在线路正常输电时，电压源 U_b 保证直流偏置电流 I_b 总是大于传输电流的幅值$|I_{ac}|$，因此所有的二极管都导通，限流器的通流/限流元件处于低阻抗状态，此时超导绕组中只有直流偏置电流通过，几乎没有损耗。当线路发生短路故障的时候，就会出现$|I_{ac}|>I_b$的情况，在电流的正半周二极管 D_3 和 D_4 关闭，在负半周则 D_1 和 D_2 关闭，每个半周都会有一段时间电流只能通过超导限流绕组。绕组对交流电流产生感抗，限流器的通流、限流元件处于高阻抗状态，限制短路电流。

（5）变压器型 SFCL。变压器型 SFCL 由通过线路电流的原边常规绕组、副边短接的高温超导线圈和铁芯组成。正常运行时，超导线圈阻抗为零，变压器因副边被短接而呈现低阻抗。故障时，超导线圈因变压器副边电流很快超过临界值而失超，副边电阻瞬间变大，导致变压器原边的等效阻抗很快增大，从而限制故障电流的增加。

总之，SFCL 能在较高电压下运行，可在极短时间（百微秒级）内有效地限制故障电流，是 FCL 发展的重要方向。目前 SFCL 技术尚不够成熟，还需要解决电流整定困难、失超后的散热维护等问题。由于 SFCL 失超后恢复时间过长，不适于需要快速重合闸的场合。

（6）混合型 SFCL。混合型 SFCL 的概念是法国 1992 年提出的，它由具有可变耦合磁路的常规变压器和无感绕制的超导线圈组成，具体结构见图 4-9。

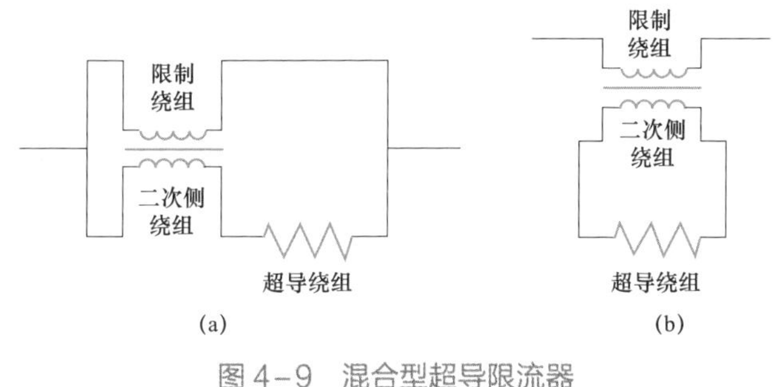

图 4-9　混合型超导限流器

（a）串联结构；（b）并联结构

由图 4-9 可见，混合型 FCL 其结构有两种接法：串联结构和并联结构。混合型 SFCL 的变压器副边绕组比原边多得多，从而减小了超导线圈的电流。

正常运行时，磁路不饱和，一、二次绕组耦合得非常好，因为一、二次绕组彼此反绕（串联时）或二次绕组被超导线圈短路（并联时），所以装置的阻抗很小。当发生短路故障后，超导绕组中流过的电流达到临界电流后失超，其电阻增大，对于串联型而言，大部分电流转入一次绕组并为一次绕组的电抗所限制，对于并联型的而言，增大的超导电阻折算到一次侧，从而限制短路电流。

混合型 SFCL 只需采用比线路电流小得多的交流超导电缆，超导电缆简单易制，减小超导体重量，大大降低了低温损耗，同时由于故障限制期间磁路饱和而降低了电压和电流的有效值，从而减小超导线圈发热，有利于超导态的恢复。但是引进常规变压器机构使 SFCL 总损耗很大且很笨重，此外，故障期间有较高的过电压，故障后磁路饱和会引起电流电压畸变。

虽然超导限流器的优点很明显，但目前大体上处在示范试验阶段，和实际的运用还是有一段距离的，主要有以下一些问题有待解决：

（1）超导故障限流器必须工作在超低温环境下，而目前即使所谓的高温超导仍需工作在低于约超导仍须工作在低于约零下 200℃的低温环境下，在如此超低温环境下工作，与超导故障限流器相配套的电工材料（如铁磁材料、绝缘材料等）的物理特性是否会发生如变脆、老化等变化以及变化规律等，目前还未研究清楚，同时如何在电力系统中实现长时间的维持超低温环境也还需要进行深入研究。

（2）动作电流水平的设定以及和电力系统现有断路器、继电保护手段相互配合的问题还需要研究，而且失超后的超导元件其电阻急剧增大，损耗也随之增大，若不及时切断电流，必将被迅速烧毁，这与继电保护中的限时保护相矛盾。

（3）超导限流器在限流动作后的状态恢复问题，故障消除后超导体通常态恢复到超导态的恢复时间过长，一般为几秒，不能满足电力系统自动重合闸的要求。

4.5.2.2 热敏电阻限流器

热敏电阻（Positive Temperature Coefficie，PTC）是一种非线性电阻，室温时电阻值非常低，当故障电流流过时，材料发热升温，温度升高到某一值时，电阻阻值迅速增加，在微秒时间内提高 8～10 个数量级。热敏电阻限流器是利用 PTC 来实现限流的。

热敏电阻限流器是由能导电的活性物质和金属或非金属填充物构成的合成物，在电路正常运行时电阻小，压降低，产生的焦耳热损耗不用专门的散热设备处理，通过和空气发生传导、对流、辐射等途径就能达到热平衡；当发生过电流或短路时电流增加超过临界电流值，热敏电阻上的功率损耗增加引起热敏电阻发热膨胀，热量来不及散发使电阻温度迅速增加，热敏电阻阻值在微秒时间内增加为高电阻值，从而起到限制故障电流的作用。热敏电阻已在低压（380V）系统中获得应用。这种设备所存在的缺点是：

（1）热敏电阻在温度升高时电阻值瞬时增加到室温电阻的近一兆倍，在限制感性电网电流时会产生很大的过电压，因此在热敏电阻两端必须并联限制过电压的保护设备。

（2）热敏电阻在限流过程中会膨胀，必须采用特殊的连接设备和充分考虑连接设备的热的和机械的强度。

（3）热敏电阻在每次限制短路电流故障被切断后，需要好几分钟的恢复时间，并且这种限流器在使用多次后也会导致性能变坏，必须更换。

（4）由于热敏电阻固有的电压和电流额定值不高，必须多个热敏电阻串联后再并联使用，这限制了其在高压系统中的应用。

4.5.2.3 固态限流器

固态限流器由半导体器件构成，能够在达到峰值电流之前的电流上升阶段就中断故障电流。正常工作时，半导体开关导通流过负荷电流，对系统运行无影响。当检测到故障电流后，半导体开关被关断，电流转移到电抗器上，从而限制了故障电流。

随着电力电子技术的发展，固态FCL技术越来越成熟，目前已在中低压配电设备中获得应用。基于电力电子技术的固态限流器在最近几年内得到广泛的研究。电力电子技术在电力系统的广泛应用对电力电子器件提出了更高的要求，促使电力电子器件向高压大电流、性能好价格低、体积小、重量轻、功率损耗低、应用温度高的方向发展，为降低固态限流器的投资成本，降低功率损耗，提高固态限流器的竞争力提供了良好的基础。早在1971年就有人提出利用晶闸管切断故障电流的固态短路限流器的概念，近十多年来，由SCR、GTO、IGBT等大功率电力电子器件构成的各种固态短路限流器得到广泛研究。将来固态短路限流器还有可能由具有更低导通压降和关断更简单的大功率电力电子器件。

固态限流器克服了超导故障电流限制器、热敏电阻故障电流限制器的缺点，短路故障清除后，可以立即恢复稳态运行，几乎没有任何时间延迟，限制短路电流的性能也不会因为多次限制短路电流后变差，满足多次重合闸要求。但是常规固态限流器没有超导限流器、热敏电阻限流器自动检测短路故障和自动限制短路电流的功能，普遍需要快速或超高速的短路故障检测装置，在限制短路电流的过程中有过电压或环流产生，影响限流装置的可靠性。

目前，固态限流技术的应用还局限于个别工程，如果要大规模应用固态限流装置，还要解决一些全局性的技术问题：

（1）多个固态限流器或与其他 FACTS 装置控制系统的协调配合问题。

（2）固态限流器与已有的常规控制、继电保护的衔接问题。

（3）固态限流器控制纳入现有的电网调度控制系统问题。

最近几年来，一方面，主要完善前面的几种固态限流器，使之满足工业现场运行更加实用化、商业化的需要；另一方面，更多工作均放在具有多种功能的限流器研究上，大部分研究倾向于将串联无功补偿和限流功能集于一身。

4.5.2.4 谐振式限流器

谐振式限流器是由电感 L 和电容 C 组成的谐振电路，其等效阻抗 Z 在谐振态和失谐状态下可以有很大的差异。采取适当的控制措施，可使其在谐振或失谐状态下工作，并使其在系统正常情况下呈现低阻抗，而在系统发生短路故障时阻抗迅速增高，从而达到正常情况下基本不影响系统运行、故障情况下限制短路电流的目的。

谐振式限流器可以有多种形式，一般可分为串联型和并联型。

（1）串联型谐振式限流器的工作原理是：在非故障状态时，电感与电容组成串联谐振（也可以略成容性以补偿无功），等效串联阻抗接近于零；短路发生时，快速触发导通一对反并联的晶闸管（SCR）将电容短接，从而将电感串入短路回路，达到限制短路电流的目的。其中设置一个小值电感，其主要作用是当触发 SCR 导通“短接”电容时限制电容放电电流，以保护 SCR 免遭损坏。

（2）并联谐振式限流器的工作原理是：在非故障状态下一对反并联的晶闸管（SCR）断开，电容串入供电回路（其值可按所须补偿的无功功率选择）。当系统发生短路时，一对反并联的晶闸管迅速触发导通，使电感与电容组成并联谐振电路，其等效阻抗迅即增大，从而达到限制短路电流的目的。

谐振式限流器的优点是其结构和工作原理都非常简单，但是在系统发生短路故障时都需快速触发电子开关（如 SCR），以使其等效阻抗迅速从低阻抗转换至高阻抗，这就要求检测控制系统有极快的响应速度，稍有延迟短路电流仍将冲至很大的值。而 SCR 等电子开关的滞后导通将有可能使其因承受过高的短路电流而损坏。另一方面，对监控系统而言，高灵敏度的要求常常会使其抗干扰性及可靠性降低。此外，由于谐振式限流器引入了 L 和 C 元件，必然增加系统的阶数，不但使系统暂态稳定分析更加复杂，而且大大增加了系统受到如短路故障等扰动时的暂态振荡和过电压的可能性，甚至引起新的暂态稳定问题。从而大大增加了系统设计和分析的难度。

4.5.2.5 饱和电抗式限流器

饱和电抗式限流器基本结构参见图 4-10。由图 4-10 可见，饱和电抗式限流器由铁芯、一次线圈、二次线圈以及直流电源等组成。选取适当比例的线圈匝数，使两个电抗器铁芯在正常工作情况下处于深度磁饱和状态，一次线圈的阻抗很低。当发生短路故障时，短路电流通过一次线圈，两个电抗器铁芯分别在正、负半波不饱和，使一次线圈的阻抗值很大，限制了故障短路电流。有时直流电源回路用永磁体替代，但是这些只能在小容量下可以达到，大容量等级下，很难有合适的永磁体可以利用。

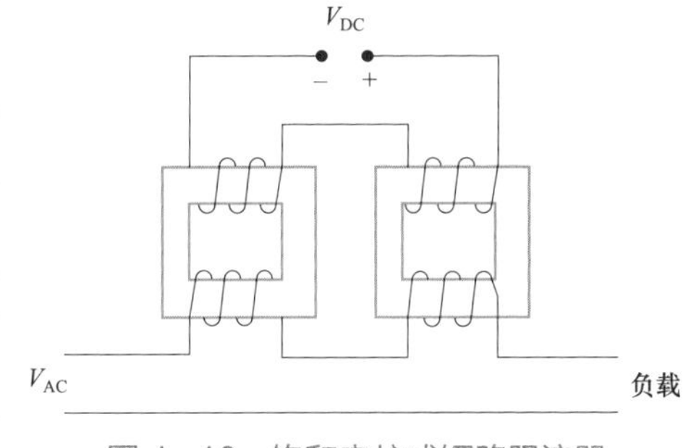

图 4-10 饱和电抗式短路限流器

饱和电抗式限流器为保证短路时的限流电抗值，对交流线圈匝数有一定要求，从而使其在非故障情况下运行时仍具有相当数值的饱和电抗值，这将会影响电网运行的电能质量，还可能会引起暂态振荡等问题。另一方面，由于直流偏磁绕组的匝数往往远多于交流绕组，短路时交流磁通将会在直流绕组中感应出极高的过电压。

4.5.3 FCL 的应用

4.5.3.1 变压器中性点加装电抗器

对于单相短路故障，短路电流计算为

$$I^{(1)}=\frac{3E}{z_{1\Sigma}+z_{2\Sigma}+z_{0\Sigma}} \tag{4-11}$$

式中：$I^{(1)}$ 为单相短路电流，kA；E 为发电机正序等值电动势，kV；$z_{1\Sigma}$、$z_{2\Sigma}$、$z_{0\Sigma}$ 分别为从短路点向电源侧看进去的系统正、负、零序等值阻抗，Ω。

三相短路故障发生的概率虽然较低，约占全部短路故障的 5%～10%，但是由于其短路电流较大，一旦发生会对系统造成巨大的危害。三相短路电流计算为

$$I^{(3)}=\frac{E}{z_{1\Sigma}}+=\frac{3E}{z_{1\Sigma}+z_{1\Sigma}+z_{1\Sigma}} \tag{4-12}$$

式中：$I^{(3)}$ 为三相短路电流，kA。

由式（4-11）和式（4-12）可知，为限制单相短路电流，可以增加零序阻抗，而自耦变压器中性点经小电抗接地是增加零序阻抗的一种有效手段。自耦变压器中性点经小电抗接地后，对系统正序、负序等效网络无影响，只影响系统零序等效网络。图 4-11 和图 4-12 分别给出了中性点经小电抗接地的自耦变压器原理图以及中性点经小电抗接地的自耦变压器的零序等值电路图。

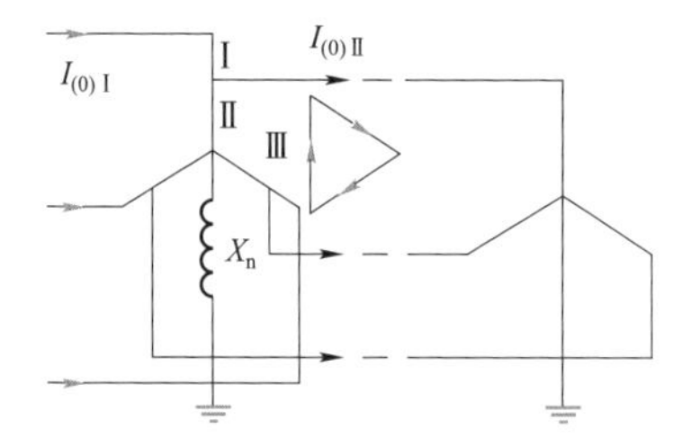

图 4-11　中性点经小电抗接地的自耦变压器原理图

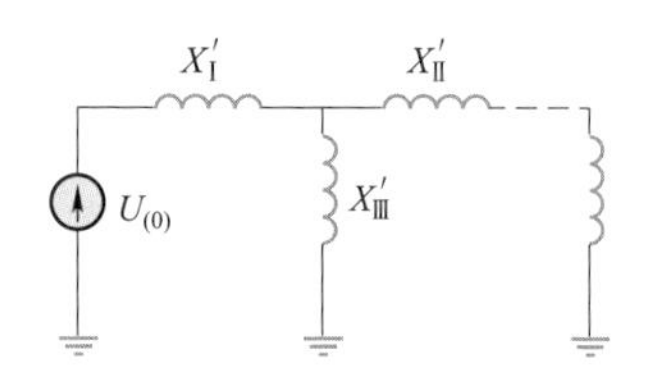

图 4-12　中性点经小电抗接地的自耦变压器的零序等值电路

图 4-12 中，Ⅰ、Ⅱ、Ⅲ分别表示高、中、低三个绕组，$I_{(0)\mathrm{I}}$、$I_{(0)\mathrm{II}}$ 分别表示流过高压、中压绕组的零序电流；X_n 为中性点小电抗。图 4-12 中，I'_{I}、I'_{II}、I'_{III} 分别为中性点经小电抗接地后的高压、中压、低压绕组折算到高压侧的零

序等值电抗，计算公式见式（4-13）

$$\begin{cases} X'_{\mathrm{I}} = X_{\mathrm{I}} + 3X_{\mathrm{n}}(1-k) \\ X'_{\mathrm{II}} = X_{\mathrm{II}} + 3X_{\mathrm{n}}k(k-1) \\ X'_{\mathrm{III}} = X_{\mathrm{III}} + 3X_{\mathrm{n}}k \end{cases} \tag{4-13}$$

式中：X'_{I}、X'_{II}、X'_{III} 分别为中性点经小电抗接地后的高压、中压、低压绕组折算到高压侧的零序等值电抗，Ω；X_{I}、X_{II}、X_{III} 分别为中性点直接接地时高压、中压、低压绕组的零序等值电抗，Ω；X_{n} 为中性点小电抗，Ω；k 为高压与中压绕组之间的变比。

自耦变压器中性点经小电抗接地后，各绕组零序等值电抗均发生改变，都含有与中性点小电抗有关的附加项。通过改变小电抗的数值，就可以改变零序等值电抗的大小。由于 $k>1$，所以除 X'_{I} 有所下降外，X'_{II}、X'_{III} 均增加，而 X'_{II} 增加明显。根据对称分量法，自耦变压器正序、负序电抗均不变，而零序电抗变大，故可有效抑制单相短路电流。

4.5.3.2　旁路限流电抗器

旁路限流电抗器一般接于变压器出口处，根据维护时主变压器是否停电检修分为两种接法，如图 4-13 所示。

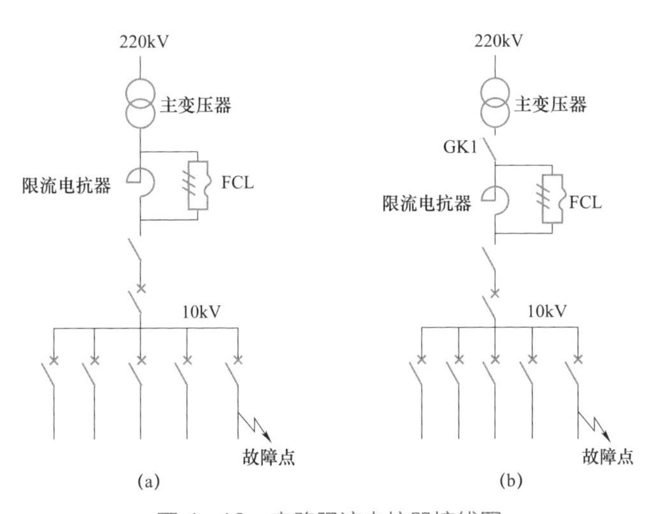

图 4-13　旁路限流电抗器接线图

（a）FCL 维护时需停运主变压器；（b）FCL 维护时不需停运主变压器

图 4-13 所示的 FCL 接法具有节能降耗、消除无功损耗、提高供电质量和消除电抗器的电磁干扰的特点。

4.5.3.3 大容量配电系统分段母线并列运行

在分段母线的母联开关处装设 FCL，除了降低最大短路电流外，还可以是大容量配电母线分断母线并列运行，如图 4-14 所示。

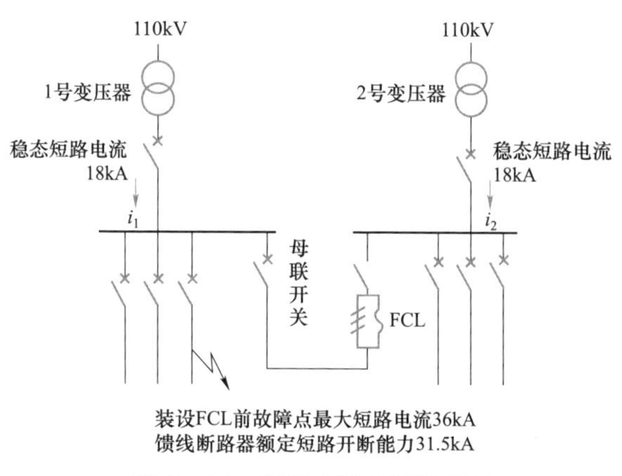

图 4-14 母联位置应用原理图

图 4-14 所示的 FCL 接法能够使变电站扩建或变压器增容后，无须更换所有出线断路器，从而节约大量基建投资。具有提高供电质量及可靠性、优化负荷、分配降低网络阻抗、节能降耗和增强大容量变电站运行方式的灵活性等优点。

4.5.3.4 发电厂分支母线和厂高变的短路保护

FCL 还可作为发电厂分支母线和厂高变处保护的一部分，具体接线如图 4-15 所示。

这种接法常用来预防可能出现的巨大短路电流，以经济的手段保护电力主设备的安全，适合于各种容量的水力/火力发电机组。

4.5.3.5 FCL 应用于发电机出口，作为发电机出口的短路保护

FCL 可以接于发电机出口处，作为发电机出口短路保护一部分，如图 4-16 所示。

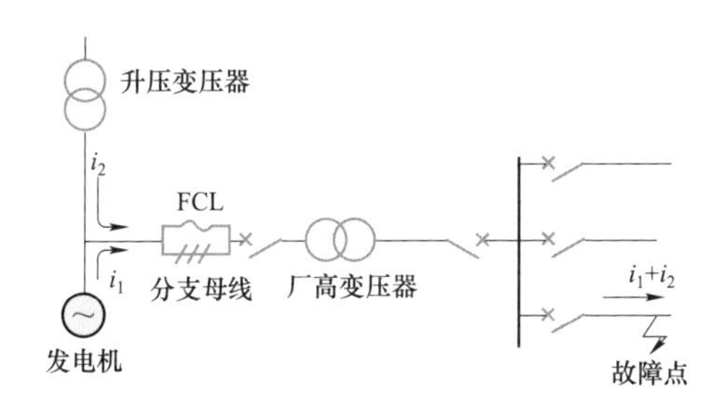

图 4-15 发电厂分支母线和厂高变的短路保护

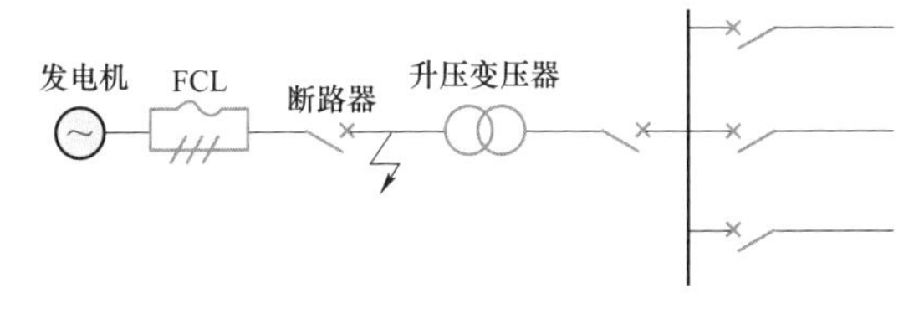

图 4-16 发电机出口保护

FCL 这种接法可以为发电机提供更可靠的保护，避免采用价格昂贵的发电机断路器。同理，FCL 也可用在变压器低压侧短路保护。

此外，FCL 还可用于地区火水发电厂上网保护或者对电能质量有特殊要求的场合，比如有的用户要求在短路过程中供电系统电压降落时间小于 20ms。FCL 还可应用于电网间的互联。

4.5.3.6 FCL 对电网的影响

1. FCL 对电力系统暂态稳定的影响

单机无穷大系统如图 4-17 所示，具体的参数为：发电机额定容量为 260MVA，额定功率为 240MW，$X_d'=0.2$，$X_d''=0.12$，发电机定子电阻为 0，系统频率为 50Hz，变压器漏电抗为 $X_T=0.005$，传输线电抗为 $X_{L1}=X_{L2}=0.08$，电阻为 $R_{L1}=R_{L2}=0.005$。传输线两端的 FCL 为故障限流器，CB 为断路器。短路故障点位于线路 L1 中靠近发电机侧的 A 点。

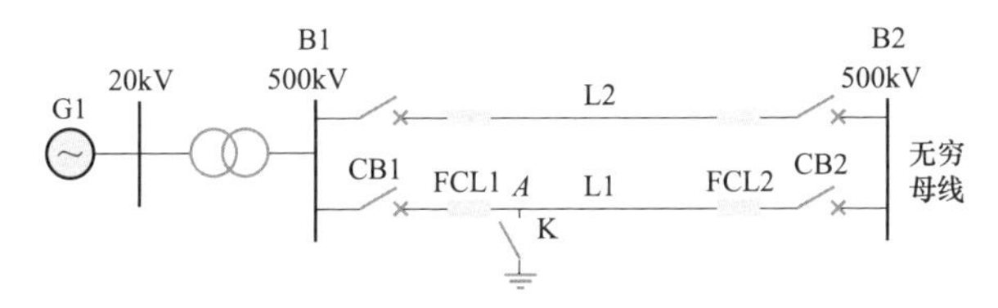

图 4-17 单机无穷大系统示意图

当A点发生三相短路时，FCL1及时动作并投入限流电抗，忽略线路的电阻（因比电抗小得多）后的等值电路如图4－18（a），$X_S = X_d' + X_T$；X_L 为线路电抗；X_F 为故障后插入的限流电抗。图4－18（b）为经Y－△变换后的等值电路。

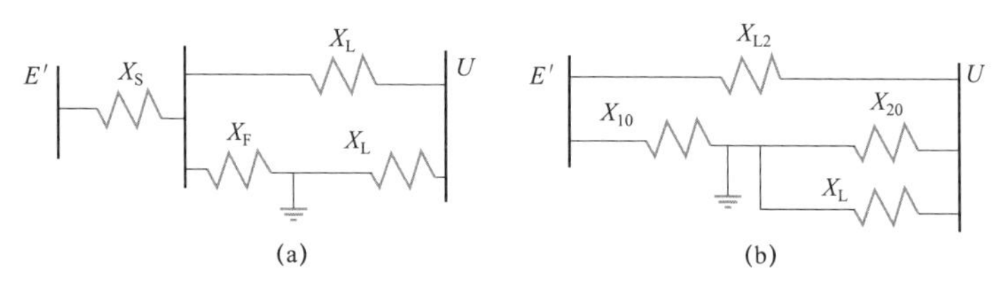

图4－18 串入限流电抗后系统及其等值电路

（a）串入限流电抗；（b）Y－△变换等值电路

定义 X_{12} 为串入限流电抗 X_F 后发电机暂态电势 E' 对无穷大系统母线之间的转移阻抗

$$X_{12} = (X_S X_F + X_L X_F + X_S X_L) / X_F \tag{4-14}$$

分析限流电抗对改善暂稳效果的作用时，用发电机功角稳定极限切除时间作为评判的参考指标。图4－19给出了系统暂稳极限切除时间随限流电抗大小而变化的结果。

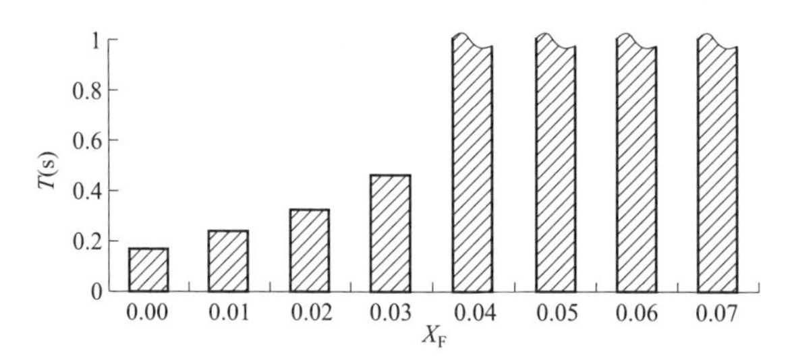

图4－19 功角稳定极限切除时间与限流电抗值的关系

由图4－19可知，暂稳极限切除时间随着限流电抗 X_F 的增大而增加，且当 X_F 增大到一定程度后（图4－19中为0.04），极限切除时间将趋于无穷大。

当系统在A点发生短路故障后，由发电机的电磁功率方程式

$$P_e = (E'U / X_{12})\sin\delta = P_m \sin\delta \tag{4-15}$$

发电机电磁功率随限流电抗的变化规律如图4－20所示。

图4－20可知，限流器动作串入限流电抗后，可以有效地提高发电机的电

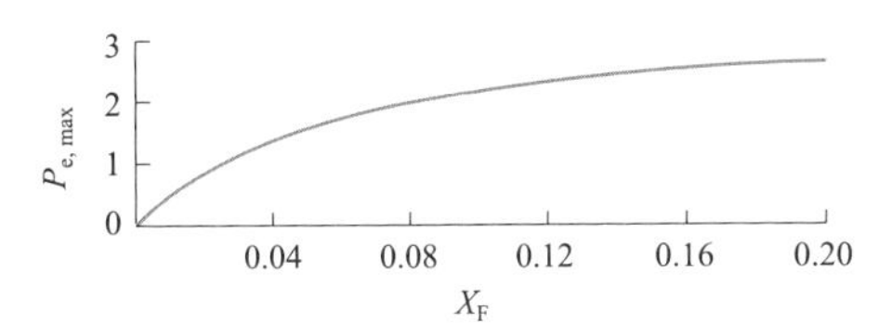

图4-20 电磁功率与限流电抗关系曲线

磁功率特性的幅值 P_m，图 4-20 中 $X_F=0$ 相当于线路上没有安装限流器，此时转移电抗 X_{12} 为无穷大，所有加在发电机转子上的机械功率都无法转换为电磁功率送出，换句话说，转子必然获得最大的过剩转矩而加速失步。如果发生短路故障的线路上安装有限流器，则转移电抗 X_{12} 将随着故障后串入的限流电抗值 X_F 的增加而减小，即故障后发电机转子上的过剩转矩将随着 X_F 的增加而减小，其发生失步的可能性也将随之降低。因此选择适当的限流电抗值有助于一定程度上提高故障时发电机的功率输出，进而增强系统的暂态稳定能力。

下面借助发电机功角特性曲线，分析上述 X_F 超过一定值（如 0.04）时发电机不会失去稳定的原因。图 4-21（a）为没有安装限流器情况下的功角特性曲线，曲线Ⅰ为正常运行时的发电机功角曲线，其与机械输入功率交于 A 点，对应功角为δ_0；曲线Ⅱ为短路故障发生后的功角曲线，此时发电机电磁功率 P_e 接近于零；曲线Ⅳ为故障切除后的情况，阴影所示的 S_1 与 S_2 分别为临界状态下的加速面积与减速面积。图 4-21（b）为应用电抗型限流器后仍存在临界切除时间的情况，曲线Ⅲ即为故障后新的功角曲线。图 4-21（c）为限流器电抗 X_F 足够大，故障后发电机不会失去功角稳定（无极限切除时间）的情况。

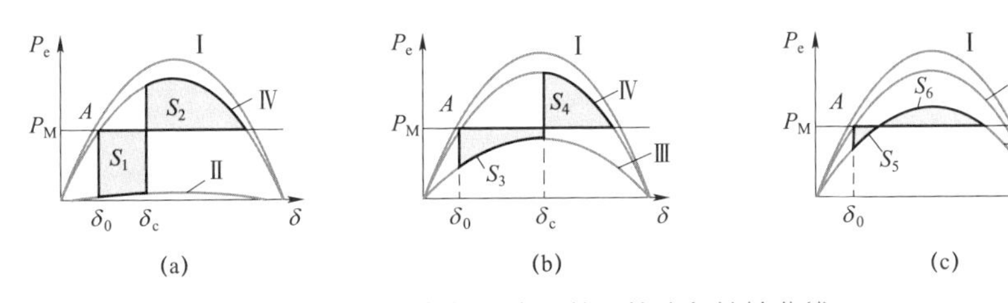

图4-21 安装限流器前后的功角特性曲线

（a）未安装限流器；（b）安装限流器；（c）不失去功角稳定情况

由图 4-21（b）很明显可以看到限流电抗的投入有效减小了发电机的不平衡功率，相对应的极限切除角也有大幅的增加。与图 4-21（b）相比，图 4-21（c）的不同在于由于串入的 X_F 足够大，故障后发电机输出的电磁功率幅值 P_m 超过了机械功率 P_M，使得系统在故障后加速功率面积 S_5 得以减小的同时还获得减速功率 S_6。显然，满足关系 $S_5 \leqslant S_6$ 时，即使不切除故障，发电机也不会失去功角稳定；而使 $S_6 = S_5$ 的 X_F，就是相对应的临界限流电抗值。

由以上分析可知，故障限流器的即时投入可以有效降低故障对系统中发电机同步运行状态的干扰；增大系统暂态功角过程中的稳定区域，从而增强系统在短路故障扰动下的功角稳定性。

2. FCL 对距离保护的影响

FCL 由一个单相桥和旁路电感组成，当发电机侧装设有 FCL，且阻抗继电器安装在限流器的下游（即 FCL 的出口端），如图 4–22 所示。

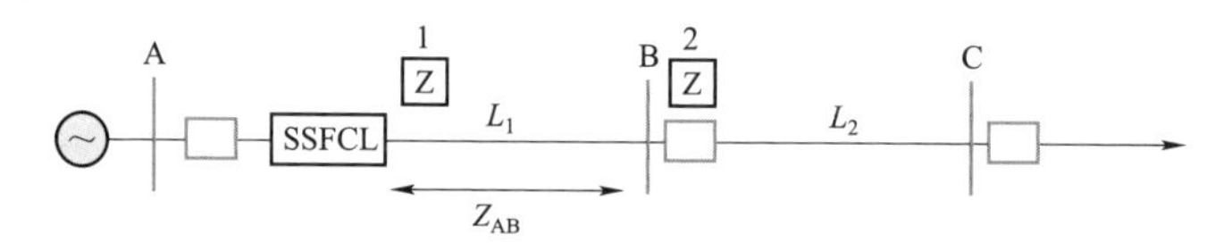

图 4–22　阻抗继电器安装在限流器下游的示意图

故障发生后，由于限流器阻抗串入故障回路，破坏了线路的固有阻抗特性。显然，当线路发生故障时，距离保护 1 的继电器测量阻抗仍能真实反映故障点到继电器安装点的线路阻抗；同理，位于限流器下游其他阻抗继电器也能正确动作。

当距离保护 1 的继电器安装限流器的上游（即限流器的入口端）时，具体位置如图 4–23 所示。

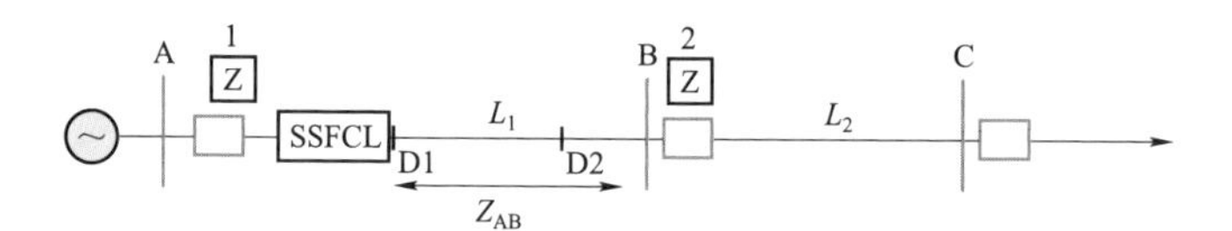

图 4–23　阻抗继电器安装在限流器上游的示意图

假设系统正常工作时额定电流有效值为 I，负荷等效阻抗为 Z_L，两段线路 L_1 和 L_2 的长度和参数完全相同，即 $Z_1 = Z_2$，在线路末端近负荷侧发生金属性短路时，故障电流在没有限流器情况下达到正常运行电流的 10 倍，即 $I_{fault} = 10I$，当有限流器后降至一半为 5I。则限流器的等效阻抗为

$$Z_{FCL} = Z_1 + Z_2 \tag{4-16}$$

取 Z_{AD1} 为在限流器出口处 D1 点发生短路时的测量阻抗，Z_{AD2} 为在线路入阻抗保护 Ⅰ 段末端 D2 点发生短路时的测量阻抗，则 AD1 间的阻抗为 $Z_{AD1} = Z_{FCL}$，AD2 间的阻抗为

$$Z_{AD2} = Z_X + Z_{FCL} \tag{4-17}$$

式中：Z_X为 D2 点短路且没有限流器时的阻抗继电器测量阻抗。

根据前面的假设有

$$Z_{FCL} = Z_1 + Z_2 = 2Z_1 \tag{4-18}$$

根据距离保护的整定原则有：Z_X=（0.8～0.85）Z_1，因此如果阻抗继电器Ⅰ段的保护定值仍然按照先前的Z_X整定的话，那么线路 L_1 上 D1 和 D2 点发生短路时距离保护将不会动作。换言之，当距离保护的阻抗测量元件安装于限流器上游时，由于测量阻抗Z_{AD1}中增加了数值比线路阻抗 Z1 大得多的限流器等效阻抗Z_{FCL}，使得线路入的距离保护失效。由此可知，加入限流器后的线路距离保护动作阻抗定值必须重新整定。

从同一母线引出的分支馈线上串有限流电抗器，以限制馈线的短路电流，并维持母线电压，不致因馈线短路而致过低。也使电缆网络在短路情况下免于过热，减少所需要的开断容量。总结起来，使用 FCL 对电网的影响主要有下述几点：

（1）产生一定的电压损耗，限流电抗器上会产生一定的电压降落，若电压降落较大，会导致母线电压过低，不满足运行要求。因此，加装限流电抗器后，应结合母线运行所需电压水平及主变压器的调压范围及调压措施来综合考虑以校核电压水平。

（2）电抗器自身的有功损耗。当限流电抗器工作电流较大时，会引起电抗器线圈发热严重、绕组过热变色现象，从而产生较大的有功损耗；并使电抗器室墙内的金属（钢筋等）受到电磁感应发热，影响墙体稳定。

（3）对变电站运行方式的安排造成影响。若电抗器装设在变低回路，相当于增大了变压器低压绕组的阻抗，将改变变压器带负荷能力，对变电站运行方式的安排造成影响。因此，必须根据限流电抗器和变压器的参数及负荷特性进行潮流计算分析，以确定正常运行方式、检修运行方式和事故运行方式。通过计算表明：限流电抗器的参数选择应基本遵行各变压器低压绕组阻抗与限流电抗器阻抗之和应相等的原则。

（4）对变压器后备保护产生一定影响。加装电抗器后会造成主变压器高、中压侧后备保护灵敏度不足，从而有可能不能满足主变压器后备保护对主变压器其他侧母线故障有灵敏度的要求，且采用这种运行方式的变电站低压侧母线故障时仅能由主变压器低压侧后备保护切除，动作时间长，短路电流大，易造成设备损坏，且无后备保护动作，造成事故扩大。

（5）与系统电容形成串联谐振问题。主变压器低压侧加装限流电抗器后，若参数选择不当，易与无功补偿电容及系统其他电容形成串联谐振，给系统运行带来危害，所以必须结合变电站并联补偿电容器容量（容抗）、限流电抗器感抗、母线短路容量、谐波水平、并联补偿电容器运行方式进行谐振计算，电抗器的参数选择一定要避开各个谐振点，否则必须修正电抗器参数或改造并联补偿电容器直至满足要求为止。

（6）对线路的工频过电压产生影响。若电抗器装设在线路中，相当于增加了线路的电气长度，在超高压长线路上，若发生不对称故障或突然甩负荷故障时，可能会产生工频过电压；因此，在超高压线路上使用限流电抗器时，要留有一定的过电压裕度。

4.5.4 FCL 的优越性

（1）一般来说，电压等级越高，故障电流越大，越难以开断。而 FCL 的使用可直接减轻断路器的开断负担。

（2）快速限制短路电流可减少线路的电压损耗和发电机的失步概率，如果能配置恰当的限流器，则系统的功角稳定、电压稳定和频率稳定都能得到有效改善，电网和设备事故也就可得到有效控制。

（3）目前输电线路的实际输送能力均在稳定极限以下，如果限流器能在短路电流达到峰值之前就发挥作用，大多数设备设计和选用时所要求的热稳定极限及动稳定极限就可降低。电网的热极限及稳定极限也可相应减小，从而大大提高了输电线路的利用率，降低整个电网的投资。

4.5.5 对故障限流器的要求

（1）正常运行时对系统无不利影响，且有功和无功损耗尽量小。

（2）高速响应，故障时能在 1～2ms 内动作，限制短路电流峰值及稳态值到安全水平，能够同时解决短路电流开断、设备热稳定和动稳定的问题。有一些类型的故障电流限制器响应速度达不到限制最大短路电流峰值的要求，只能解决短路电流开断和设备热稳定问题，不能解决设备动稳定问题。

（3）动作时不造成过电压和过电流，谐波含量低。

（4）故障切除后，迅速自动复位，不影响电力系统重合闸。

（5）不影响继电保护的工作。

（6）可靠性高，不发生误动，对正常过载电流不敏感。

（7）可重复多次使用。

（8）成本较低，能为电力部门接受。

长期在线路中串联一只电抗器，在短路发生时，对电流起到一定的阻碍限制作用，在一定程度上可以降低变压器事故的概率。不过，传统的限流电抗器运行的弊病主要有以下两点：

（1）若限流电抗的阻抗选大了，则降低了变压器的输送功率，电抗选小了，则限流深度不够，很难起到保护变压器的作用，这也是很多场合变压器未装限流电抗的原因。

（2）从经济环保的角度，限流电抗器长期运行，将产生巨大的损耗，不同负荷率下，限流电抗器损耗差别明显。

负荷率与年损失关系见图4-24。

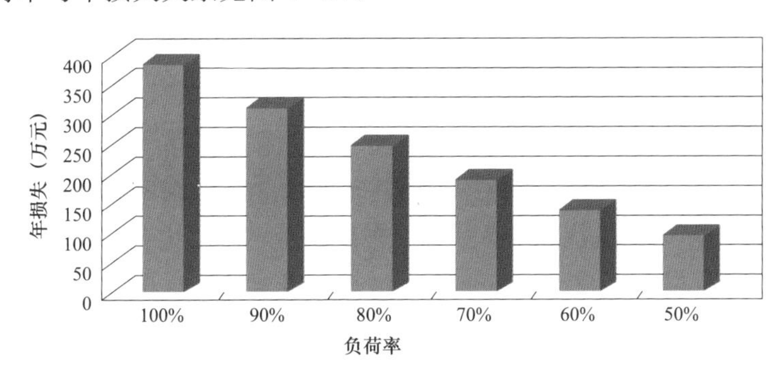

图4-24 系统负荷率与限流电抗损耗年损失的关系对比柱状图

可见，系统负荷越大，线路负载率越高，限流电抗器的损耗也就越多。

4.5.6 理想限流器发展趋势

故障电流限制器的发展趋势及方向：

（1）响应及恢复时间。FCL的检测装置能快速识别故障电流并做出响应，启动限流元件将故障电流限制到预期的水平内。完成限流后，FCL的限流元件可以快速恢复到正常运行状态，以备下次故障时再使用，对于要求自动重合闸的系统这一特性显得尤为重要。

（2）限流效果可控。限流效果可以通过两个方面加以描述。一是FCL限流元件的启动电流，即FCL开始起作用的最小电流；二是限流系数，即经过FCL后电路中实际出现的峰值电流与预期故障电流的最大峰值电流的比值。这两个指标的量值表示限流效果的好坏，具体量值应该根据FCL的应用方式及安装位置的实际情况合理设计或整定，不应单方面追求过强的限流效果而忽视了实用性及FCL产品成本的控制。

（3）可重复使用。可重复使用的次数是FCL的重要技术指标。目前SFCL及基于电力电子技术的FCL具备多次使用的特性。

（4）宽额定电流范围。对于高压领域，额定电流的范围要求为630～6300A，在发电机出口使用的限流器根据发电机容量对额定电流的要求经常会更高。

（5）高可靠。FCL一般装备在电力系统的关键节点上，其可靠性直接关系到电力系统的安全性，拒动、误动、失效是不允许的。另外，若需要经常性的维护或保养则会使运行成本急剧上升，影响FCL的适用性。

（6）低功耗。FCL装置本身应改具有低功耗特性，即低无功损耗和低有功损耗。巨大的能耗或电压降落会明显影响其运行的经济性，增加用户的运行成本甚至失去适用性。

（7）其他方面。运行维护简便：便于运行维护是FCL产品推广应用的前提。结构紧凑：FCL装置结构应尽可能紧凑化、小型化，以降低对安装位置空间的要求。成本合理：装置及其备品备件的成本过分昂贵将阻碍FCL的大面积推广。环境友好：FCL装置本身应该是环保的，不包含或产生有害物质，不对周边环境造成不利影响。

4.6 高阻抗变压器限流方法

在确保系统稳定的前提下。采用高阻抗变压器来控制短路电流的效果也很明显。当然，也可以适当提高发电机出口变压器的阻抗。使发电机注入系统的短路电流有所减小。

4.6.1 高阻抗变压器对电网的影响

（1）当电网发生短路事故时，通过高阻抗变压器和其他电力设备的短路电流较小，相应的短路电磁力和电流热效应也会降低。这不但可提高电网的可靠性，同时还可以降低线路开关等电气设备的开断容量。

（2）采用高阻抗变压器，可以取消为限制系统短路电流而单独设置的限流电抗器，可降低建设费用。

4.6.2 提高变压器阻抗的方法

提高变压器阻抗的方法一般有两种：第一种是采用普通的变压器常规结构，通过调整铁芯直径和绕组参数，必要时还要采取拆分绕组等措施，达到提高变压器阻抗的目的；第二种是采用在变压器油箱内部设置电抗器（即所谓的内置电抗器）的结构来达到提高变压器入口电抗的目的。

采用普通的变压器常规结构来提高变压器阻抗的技术关键，是对绕组的漏磁控制及其相应的损耗控制和温升控制。当变压器接入电网而施加额定电压时，在铁芯中将有主磁通流过，在变压器带负载运行以后，负载电流将在变压器的一、二次绕组内部及其周围区域产生漏磁通，这些漏磁通与一、二次绕组交链而形成变压器的短路阻抗。因而，若提高变压器阻抗电压的规定值，就必然要求有比较多的漏磁通与一、二次绕组交链。对于大型变压器而言，漏磁通增加所带来的突出问题是绕组和结构件内的杂散损耗明显增加，相应部位的温升随之提高。这就要求在结构上采取有效措施对变压器的漏磁场进行控制，防止绕组和结构件产生局部过热，保证变压器的安全运行。

采用内置电抗器的高阻抗变压器的关键是对电抗器所产生的漏磁场进行有效的屏蔽，以减小其在结构件中产生的杂散损耗，防止局部过热。另一方面，要采取可靠的夹紧结构，减小电抗器的机械振动，这些措施相对于变压器而言实施起来要简单得多，由于电抗器的容量较小，电压等级一般也比较低，其漏磁控制技术和结构夹紧技术要简单得多。

4.7 限流开断器与普通断路器结合限流

采用短路电流限流开断器（限流器或 FCL）与普通断路器结合共同完成电

力系统的短路保护。限流开断器的动作值可以通过电子控制器整定，在短路电流上升的初始阶段便可将短路电流开断，从短路故障发生到最后被彻底切除仅需几毫秒时间。而且电路中实际出现的短路电流远低于预期电流水平，从而最有效地避免了短路电流对电气主设备造成的冲击和损坏。

4.8 限流装置的选型原则

4.8.1 110kV 主变压器中性点小电抗选型原则

4.8.1.1 小电抗阻值的确定

变电站的变压器中性点经小电抗接地，会影响变电站的等效零序阻抗，继而会影响该变电站母线的短路电流及变压器承担的短路电流，还可能影响整个系统继电保护整定值的选择。为限制短路电流，变压器中性点所接小电抗的阻值应根据系统参数及预定的短路电流计算得出。接地电抗值越大限制短路电流的效果就越好，但应注意要使变压器承担的短路电流在变压器允许的范围内。同时，变压器中性点电压取决于通过中性点的 3 倍零序电流乘以电抗值，电抗值增大时中性点绝缘也会相应提高。综合考虑继电保护、限流和中性点过电压后，小电抗的阻值最好按照变电站等效零序阻抗不变的原则选取。

通常 110kV 变压器采用的是 Y/Δ接线方式，中性点经小电抗接地后，其零序阻抗值为 Z_0+3Z_n，其中，Z_0 为变压器的零序阻抗，Z_n 为小电抗阻值。

若要变压器中性点经小电抗接地前后的变电站零序阻抗保持不变，则要满足

$$Z_n=\frac{Z_0+3Z_n}{N} \tag{4-19}$$

式中：N 为并联变压器的台数。

对于常见的变电站内有两台变压器为例，则中性点接地阻抗值为

$$Z_n=1/3Z_0 \tag{4-20}$$

4.8.1.2　小电抗性能的要求

当系统发生单相接地时，接地阻抗的随机性导致变压器中性点的电压也随机变化，且该变化范围很大。因此，小电抗必须具有线性伏安特性，变压器甚至变电站的等效接地阻抗值才能保持一定。同时，小电抗应具备良好的承受短路电流的能力（即应具有良好的热稳定性和动稳定性），因为小电抗连接在变压器的中性点上，故它与变压器承受短路电流的水平应该相同，即

$$I_{\mathrm{T}}=\frac{U}{\sqrt{3}(Z_{\mathrm{t}}+Z_{\mathrm{s}})} \tag{4-21}$$

式中：I_{T} 为变压器承受的短路电流；U 为变压器绕组的额定电压；Z_{t} 为变压器的短路阻抗；Z_{S} 为系统阻抗。

承受最大短路电流的幅值为

$$i_{\mathrm{p}}=I_{\mathrm{T}}K_{\mathrm{ch}}\sqrt{2} \tag{4-22}$$

式中：K_{ch} 为冲击系数，取值为 1.8。

系统阻抗 Z_{s} 为

$$Z_{\mathrm{s}}=\frac{U_{\mathrm{s}}^{2}}{S} \tag{4-23}$$

式中：U_{s} 为系统的额定电压；S 为系统短路表观容量。

当 I_{T} 持续 2s 时，小电抗具有的热稳定条件为

$$T_{1}=T_{0}+\alpha J^{2}t\times10^{3} \tag{4-24}$$

式中：J 为短路电流密度；t 为短路持续的时间；α为 $1/2(T_0+T_2)$的函数；T_0 为电抗器线圈的起始温度；T_1 短路后线圈最高平均温度；T_2 最高允许温度。

为获得良好的动稳定性，小电抗采用干式结构，因为线圈浇注成固态整体结构后，线圈内的导线具有良好的抗幅向力、抗轴向力的性能，同时采用加强线圈紧固件防止转动和轴向位移。

4.8.2　500kV 主变压器中性点小电抗选型原则

变压器中性点小电抗的热稳定电流按照单相接地或两相接地时流过小电抗的最大短路电流设计，需满足各种运行方式下的要求，即按 $3I_0$ 选取。根据 GB

1094.5—2008《电力变压器　第 5 部分：承受短路的能力》，承受短路耐热能力的电流的持续时间为 2s。

变压器中性点的长期工作电流为变压器的三相不平衡电流，一般只有几安培。在设计中可按照变压器热稳定电流为长期额定电流的 25 倍（GB 1094.5—2008）选取小电抗的长期工作电流。根据各变压器中性点小电抗的 2s 热稳定电流和小电抗的最大阻值，计算出额定电流和容量。

第5章　零损耗短路电流限制器

电力系统发生短路时，会产生数值很大的短路电流，如果不加以限制，很难保持电气设备的动态稳定和热稳定。因此，为了满足某些断路器遮断容量的要求，常在出线断路器处串联电抗器，电抗器能增大短路阻抗，在电路中对电流起到阻碍作用。

传统的限流电抗器主要组成部分有电阻、电容和电感，其中，电感部分实质上是一个无导磁材料的空芯线圈，具有抑制电流变化的作用，并能使交流电移相。串接在线路或其他需要限流的场合，并可以根据需要布置为垂直、水平和品字形三种装配形式。在系统发生短路时，由于电抗器分得电压降较大，起到了维持母线电压水平的作用，使母线上的电压波动较小，保证了非故障线路上的用户电气设备运行的稳定性，因此叫作限流电抗器。

限流电抗器如果长期串接在系统中，会加大系统的无功功率损耗，因此常与高速开断装置并联配合使用，当系统发生短路故障时，告诉开断装置断开将限流电抗器串接入故障回路中用来限制短路电流：不过，这种方式虽然解决了电抗器有功无功（大量的无功）损耗、电压降和漏磁场问题。但是当发生短路故障后其一次元器件动作，需要更换新的备件，方可重新投入运行，使企业运行费用不仅增加，并且增加了安装柜体的空间及电抗器装置之间的母线连接，人为的设置了故障隐患点。

2008年在某省35kV电网投入运行的由大容量快速开关与限流电抗器并联构成的限流装置，曾在2010年初因发生相间短路故障而正确动作过，限流效果虽然得以验证，但因系统不允许停电，至今一次性使用的元件未能更换。

另一省份某220kV变电站10kV系统也遇到同样问题，同时带来了有功无功损耗、母线压降、漏磁场等弊病，系统发生短路时由于限流深度不够，不能有效地保护发电机、变压器等主要电气设备，在巨大的短路电流冲击下产生绕组变形而损坏，灾难性事故发生，严重威胁着企业安全运行。

因而开发一种能快速、可靠地能够深度限制短路电流的电抗器，这不仅对电力系统的安全、可靠运行十分重要，而且对降低电气设备使用厂家的设备成本也有着十分重要的意义。优质的限流电抗器必须具备以下三个条件：

（1）系统正常运行时，电抗器阻抗很小，即零损耗。

（2）系统发生短路故障时，电抗器阻抗很大，即深度限流。

（3）系统短路故障切除后，立即返回原工作状态。

零损耗短路电流限制器是在上述要求下设计的。本章主要针对零损耗短路电流限制器原理、规范和装置加以介绍，同时对大规模零损耗限流器的优化配置进行了探讨。

5.1　零损耗短路电流限制器工作原理

零损耗短路电流限制器的工作原理示意图如图 5-1 所示。零损耗短路电流限制器工作原理是：测控单元一直通过电流传感装置对电流信号进行监控，当流过的电流超过预先设定的阈值，电流传感装置发出短路电流信号时，测控单元通过专用算法，快速精确的预测出三相电流过零点的精确时间，分别在每相电流过零之前发出信号，高速开关接到信号后，在电流接近过零点式三相分别准确分闸开断，短路电流将通过电抗器并受到限制，短路电流幅值大大降低。

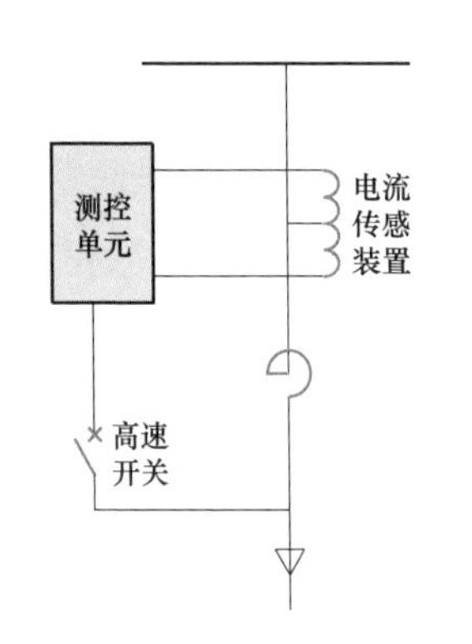

图 5-1　零损短路电流限制器工作原理示意图

零损耗短路电流限制器一般串接在需要限流的回路中，以线路限流为例，在系统中一般接在变压器出线位置，具体接线方式见图 5-2。

图 5-2 中虚线框中部分为零损耗短路电流限制器，由限流器和换流器两大

部分并联而成。

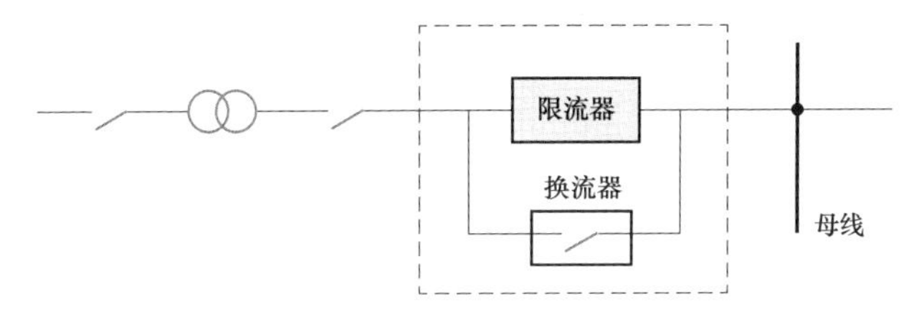

图5-2　零损耗短路电流限制器在系统中的接线方式

在电力系统正常运行时，换流器开关闭合限流器开关断开，只有换流器接入线路且电流只流过换流器，换流器的阻抗为零，不产生损耗，也不会对线路造成影响；短路故障时，短路首半波过后，换流器在电流过零点时断开，断路器的灭弧室内电弧燃烧时间一般小于 1ms，而且是过零前的 1ms，此时可以看作零燃烧量，可以断开短路电流，并将限流电抗器开关逐步闭合，进入限流状态，根据需要设置电抗参数，可以将短路电流限制到原来的期望的阈值之内。

考虑到系统重合闸动作时限，可以将真空断路器与之配合，共同设置动作时限：永久性故障重合闸后，线路的断路器会再一次断开；若故障为暂态，重合闸将成功合闸，保持合闸状态，限流装置也同样在过零时合闸，而两种装置同时合闸的话，容易产生电流冲击现象，为了避免这种冲击，零损耗短路电流限制器的合闸时间可以设置在判断线路正常带电流 2min 后，此时再将换流器接入线路，电抗器退出线路，避免损耗。

可见，零损耗短路电流限制器可在系统正常运行时，高速开关处于常闭状态，将限流电抗器金属性短路，零损耗短路电流限制器整体表现阻抗为零，损耗降为零；发生短路时，快速换流器利用快速涡流驱动机构，在短时内将限流电抗器投入回路，限制短路容量；短路故障切除后，可立即恢复，实现零损耗运行。

5.2　零损耗短路电流限制装置简介

5.2.1　装置技术规范和性能要求

为了适应各种电力系统户外环境，零损耗短路电流限制装置应可以安装在户外也可以安装在户内，一般保证在海拔高度不足1000m的地区可靠运行，对大气湿度的要求是年平均响度湿度不超过65%；装置耐受温度水平应在-30℃～+50℃的条件下运行。

装置安装的现场要求无酸、碱、烟尘等腐蚀性物质，污秽等级不超过Ⅲ级；此外，装置能够在承受地震烈度为8度（即水平加速度0.3g，垂直加速度0.15g）的外力冲击下正常运行。

装置频率与系统工频一致，抗震设防烈度不低于7度；污秽等级：Ⅳ级，要求爬电比距不小于3.1cm/kV（按系统最高电压计算）。

零损耗短路电流限制装置要求在具有运行时无电能损耗，且无电压降落。短路时能够快速投入高阻抗、短路故障切除后自动恢复功能，并保证变配电系统开关在常规遮断容量下能正常运行，降低变配电系统设备成本。

5.2.2　零损耗短路电流限制装置结构

零损耗短路电流限制装置外形结构图见图5-3。

图5-3中，底座、支柱、复合支柱绝缘子、隔磁支架、高压耦合电容器（包括分压电容）、复合光纤绝缘子、滚轮组成高压绝缘平台，高压耦合电容器给装置供能并起到绝缘支撑的作用，复合光纤绝缘子完成光纤通信并起到绝缘支撑的作用。两台电抗器中间的绝缘子为35kV的瓷质绝缘子，只承担智能高速开关的断口电压。柜体中包括整流和录波装置、穿墙套管、ZnO电阻、线路特种TA、隔离变压器、真空接触器、智能快速开关等，全部在高压平台上工作的设备和器件。

考虑到零损耗短路电流限制装置会应用到超高压及以上的电力系统中，因此还需搭建一个高压平台，满足在超高压及以上电压下运用中压的智能高速开关和中压限流电抗器等装备等电位运行的要求，由于装置串接在回路中，限流时需打开智能高速开关把电抗器串联进去，当短路电流通过时，串联电抗器两端会产生电压降，智能高速开关断口需要承受此电压，因此，根据所需限制短路电流点短路电流的大小不同，选择不同阻抗值的串联电抗器满足智能高速开关断口耐压的要求显得特别重要，另外，还需要解决在高压平台运行条件下各设备的运行状态的显示及动作控制。

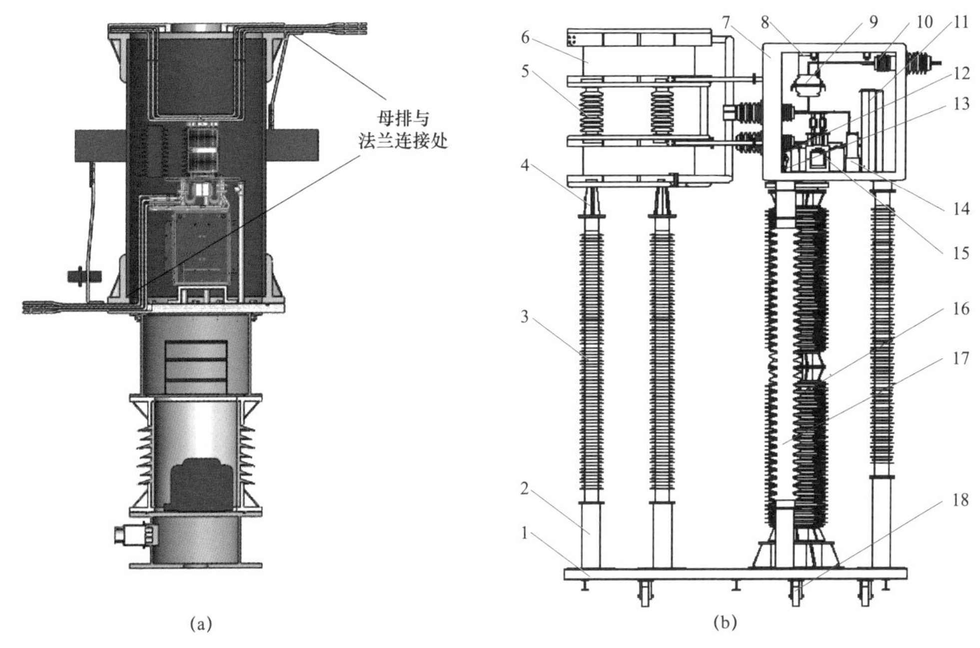

图5-3 零损耗短路电流限制装置外形结构图（单相）

（a）外形；（b）结构

1—底座；2—支柱；3—复合支柱绝缘子；4—隔磁支架；5—绝缘子；6—电抗器；7—柜体；
8—整流和录波装置；9—线路特种TA；10—穿墙套管；11—氧化锌线性电阻；12—分压电容；
13—隔离变；14—真空接触器；15—智能快速开关；16—高压耦合电容器；
17—复合光纤绝缘子；18—滚轮

5.2.3 零损耗短路电流限制装置功能

典型的零损耗短路电流限流装置主要由限流电抗器L1和L2、智能高速开关K1和K2、测控单元、特种互感器TA、真空接触器KM1和KM2、高压耦合电容C1、分压电容C2和隔离变等组成。具体的一次接线参见图5-4。

1. 限流电抗器

限流电抗器（L1，L2）的主要功能是限制短路电流的幅值。电抗器参数大小代表限流水平，若限流电抗的阻抗选大了，则降低了变压器的输送功率，电抗选小了，则限流深度不够，很难起到保护变压器的作用，这也是很多场合变压器未装限流电抗的原因；从经济环保的角度，限流电抗器长期运行，将产生巨大的损耗。

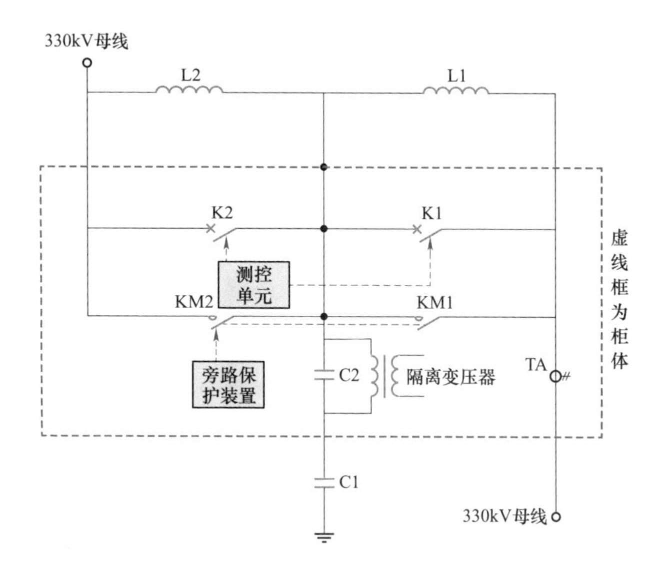

图 5-4　零损耗短路电流限制装置一次接线图

一般来说，考虑到限流的效果及安装的方便，会采用 2～4 个限流单元串联的方案形成整套装置，限流单元采用分级串联的结构，并用一台智能高速开关并联在一台限流电抗器两端，具体参见图 5-5。

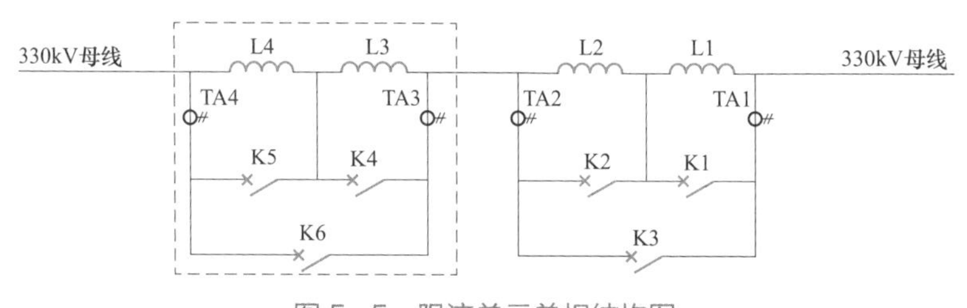

图 5-5　限流单元单相结构图

图 5-5 所示的限流单元采用电抗器串联形式，每相两个限流单元，虚框部分表示为限流单元预留的位置和安装接口。

对限流单元的设计要求是：每一个限流单元接入需要限流的支路后，都按照在最大的短路电流出现时，限流单元的智能高速开关开断，电抗器接入限流，在电抗器两端的断口电压不大于 21kV 考虑，这样一条支路上完全可根据限流效果的需要，串接多个限流单元，只要一个限流单元正确动作，就更能保证后续的限流单元安全动作，因为随着每一个限流单元的动作，都会减轻后续限流单元开断的短路电流幅值。

零损耗短路电流限制装置的限流单元也可以采用模块化结构，可以实现对短路电流任意深度的限制。

为确保安全，限流单元的设计常采用一台快速真空断路器并联在一台限流电抗器两端的短路运行限流方案，每一个限流单元接入需要限流的支路后，都按照在最大的短路电流出现时，限流单元的快速真空断路器开断，电抗器接入限流，基于此，一条支路上完全可根据限流效果的需要，即串接多个限流单元，只要一个限流单元正确动作，就更能保证后续的限流单元安全动作，因为随着每一个限流单元的动作，都会减轻后续限流单元开断的短路电流幅值。

2. 测控单元

测控单元对短路故障进行快速识别并对智能高速开关发出指令。采用的故障的判据是：电流瞬时值、电流变化率同时越限。短路故障快速识别技术已相当成熟。识别故障的速度决定后续动作的开始时间，在上述判据基础上，还可增加过零点预测功能，这样改进的限流装置可以在故障后2～3ms完成识别和预测，进而提前发出指令为高速开关赢得时间。

测控单元利用短路故障快速识别技术对大容量智能高速开关进行控制，可以在短路故障发生后的0.3～0.4ms预测出短路电流的有效值并发出动作指令。在短路故障快速识别的基础上，增加短路电流过零点预测功能之后，最迟可在短路故障发生后的2～3ms完成短路电流有效值的识别和过零点的预测，可以在计及智能高速开关固有分闸时间并按照预先设定的提前量发出分闸指令。

3. 智能高速开关

智能高速开关（K1，K2）在正常运行时以低阻抗形式存在，实现电抗器无损耗运行，一旦发生短路则快速动作投入电抗器限制短路电流；开关出头的分离、闭合和弹跳时间表征限流器的快速性，采用快速大容量断路器可提高速动性，同时采用快速涡流驱动机构，会减少磨损但也会提高装置的成本。

与电抗器并联的智能高速开关必须保证在过零开断短路电流、开断过程不起电弧。经过不断地技术改进，目前研制的智能高速开关开断短路电流后可以确保在断口电压不大于阈值情况下，保证限流单元可安全动作与运行。

智能高速开关可以采用基于快速涡流驱动技术的真空断路器，主要是利用磁场力的作用驱动断路器动作，可以在5ms以内分闸，在12ms以内合闸，最快的分闸时间可以达到1ms，分相控制时，分闸分散度可以做到0.1ms以内，合闸分散度可以做到 0.2ms 以内。

4. 特种电流互感器

特种电流互感器用来测量故障电流，以实现快速断路器的分合闸操作的控制，其准确性影响到限流器的动作的可靠性。

5. 真空接触开关

真空接触开关（KM1，KM2）的功能主要是一直采集监测电流，当检测到的电流异常时，将进行运算和比对，并将比对结果送至逻辑判断单元，发出信号送到保护控制单元，控制单元将启动断路器，其运算速度决定限流装置的启动时间。

6. 高压耦合电容

高压耦合电容器 C1 给装置供能并起到绝缘支撑的作用，分压电容 C2 直接取用当前线路的电源，用以提供智能高速开关的控制和操作电源。

其中，高压耦合电容一般采用标准的电容型电压互感器（CVT），按限流装置要求改变其中分压电容的分压比，并通过稳定供能的技术措施满足控制器和高压平台上各元件的取能需要。如果是在 500kV 电网采用此限流装置，则只需使用 500kV CVT 稍加改造，做成一个 500kV 的高压平台即可实现在 500kV 电网限流的需求，理论上任意电压等级电网都可采用此方案进行短路电流的有效限制。

采用上述思路设计的零损耗短路电流限流装置具有大容量、动作快的特点，合闸时间可以达到到 10ms 左右，分闸时间可在 5ms 以内。以 40kA 的开断容量为例，额定开断 40kA 的断路器可将额定开断寿命由 20 次提高到 100 次之后还能在 80kA 下完成 20 次开断，额定开断 80kA 的断路器可直接在 80kA 下完成 100 次开断。

5.3 零损耗短路电流限制装置性能优化

当系统发生短路故障时，要尽快将故障切除并力图将故障的影响限制在最小范围内。如在发生单相短路时，在切除故障相的同时能保持另外两个非故障相照常工作；在发生两相短路故障时，在切除两个故障相的同时保持非故障相能正常工作；在发生三相短路故障时完全切断电源，装置性能优化如下：

（1）装置带电后自动短接电抗器。装置带电前智能高速开关、接触器处于分闸状态；装置挂网带电后，控制器检测到智能高速开关储能电容完成充电后自动发出智能高速开关合闸指令；若在装置带电后 5min 内开关储能电容没有完成充电，则控制器立即控制接触器合闸，同时向测控子站发出故障报警信号；若在装置带电后 5min 内智能高速开关没有完成合闸动作则测控子站立即发出故障报警信号。

（2）线路短路后自动串入电抗器。当检测到线路工作电流超过 7kA 时，控制器控制智能高速开关自动分闸，将限流电抗器串入到线路中，装置工作在限流状态；当控制器向智能高速开关发出分闸指令后第三个周波智能高速开关回路仍有电流，说明智能高速开关拒分，则控制器立即向测控子站发出故障报警并上传故障信息。

（3）与线路重合闸装置的动作配合。限流电抗器串入后装置一直保持在限流状态（智能高速开关和接触器处于分闸状态），重合闸成功或故障解除线路重新带电，当智能高速开关分合闸储能电容完成充电后控制器控制智能高速开关自动合闸，将限流电抗器短接，装置自动恢复到零损耗状态；若线路故障消除装置恢复带电 5min 之内开关储能电容没有完成充电，则控制器立即控制接触器合闸，同时向测控子站发出故障报警并上传故障信息；若线路恢复送电控制器发出合闸指令后智能高速开关拒动，则控制器控制接触器合闸，同时向测控子站发出故障报警并上传故障信息；当电抗器串入后线路电流未降到 1.2kA 以下，说明线路故障未被切除，控制器延时 0.3s 控制智能高速开关合闸，强行将电抗器短接，若智能高速开关拒动则控制器控制接触器合闸。

（4）实时监测与远方操作功能。控制器实时向测控子站上传线路工作电流、开关状态和储能电容电压；测控子站面板实时显示线路工作电流、开关状态和储能电容电压；测控子站监测到装置带电后 5min 智能高速开关没有完成分闸时，立即发出故障报警信号；通过测控子站可以进行装置的设置（时间设置、保护定值设置和过电流保护投退设置）、每相开关和接触器的分合闸以及三相电抗器的投入与退出操作；通过测控子站的面板可以调阅事件记录，记录内容包括事件的事件、类型，事件发生时的工作电流、开关状态和储能电容电压有效值及波形。

采用上述优化后，零损耗短路电流限制装置具有下述特征：

（1）动作速度快。优化后，零损耗短路电流限制装置能在系统发生短路的7～15ms内将短路电流开断，可将短路电流降至50%以下。

装置使用原装进口的高速涡流驱动开关，能实现5ms以内分闸，10ms内合闸。同时测控单元使用高精度、高速数模转换器，不断对系统电流进行检测，当电流大于设定值时，通过高速DSP技术和专用算法，在2ms内快速计算短路电流及电流过零点的精确时刻，并在过零点之前发出动作信号，驱动开关在过零点之前切断电路，确保燃弧时间最短，在7～15ms内可将短路电流切换在装置所在支路中。

（2）开断能力强。装置中的进口开关为三相独立动作，利用对触头刚分时间的合理控制，确保各相动作均为临界过零开断，使燃弧时间最小。大大增加了灭弧室的开断余量，短路开断能力可轻松达到80kA。

（3）限流效果好。装置中深度限流电抗器由于正常运行时，无电流通过。从而无能损耗，无压降，同时也不会产生漏磁场。只有在短路发生时投入工作，电抗值可根据系统需要，可将短路电流限制在预期阈值以下，从而在发生短路的过程中将短路电流大大降低，变压器免受巨大的短路电流冲击，系统内断路器开断能力也相应降低。

（4）使用寿命长。装置中开关使用高速涡流驱动机构，比普通断路器所使用的弹簧操作机构运动部件减少80%，且使用简单的直线运动，没有复杂的传动机构，磨损极小，机械寿命及可靠性大大提高。

同时，装置系过零点开断，燃弧期间的燃弧量不到通断路器的10%，开断容量大大提高，触头烧灼小，其触点电寿命呈级数上升，深限流电抗器无短路发生时，处于零损耗状态，不发热，无压降，使用寿命长。

5.4　零损耗短路电流限制装置的测试

对装置测试的目的有两个，一是验证装置的技术指标是否满足电力系统限流要求，这部分测试可在实验室进行；二是验证装置在实际电力系统的限流能力，这部分测试则需要挂网运行。

5.4.1　装置技术参数

以 330kV 电网限流需求为基准，零损耗短路电流限制装置的技术指标见表 5-1。装置的试验参数见表 5-2。限流电抗器参数见表 5-3。智能开关参数见表 5-4。

表 5-1　330kV 电网零损耗短路电流限制装置的技术指标（单相）

技术指标	参数
额定工作电压	$330/\sqrt{3}$ kV
最高工作电压	$363/\sqrt{3}$ kV
额定工作电流	1200A
串联电抗	2×0.6Ω
智能高速开关断口最大电压（短时）	21kV
进出线端子间的最高工作电压	1.5kV
进出线端子间的工频耐受电压	4kV
金属封闭壳体内部组件的爬电比距	≥20mm/kV
外露一次部分的爬电比距	≥25mmkV

表 5-2　330kV 电网零损耗短路电流限制装置试验参数（单相）

技术指标	参数
额定工作电压	$330/\sqrt{3}$ kV
线路运行电流	600A
预期单相短路电流有效值	36.8kA
串入一组电抗器后短路电流有效值	30kA
串入三组电抗器后短路电流有效值	21.7kA

表 5-3　330kV 电网零损耗短路电流限制装置电抗器技术参数（单相）

技术指标	参数
电感量（2 串）	3.82mH
感抗（2 串）	1.2Ω
承受短路电流能力	工频耐受电压 42kV/1min，雷电冲击耐受电压 75kV/30kA（rms）持续 0.6s 之后能在 600A（rms）下持续 180s
峰值电流	80kA

表 5-4　330kV 电网零损耗短路电流限制装置智能开关参数（单相）

技术指标	参数
额定电压	12kV
额定电流	2500A
额定短路开断电流	50kA
峰值关合电流	80kA
断口对地绝缘水平	工频耐受电压 28kV/min，雷电冲击耐受电压 75kV
断口之间绝缘水平	工频耐受电压 28kV/min
分闸时间	3～5ms
合闸时间	8～18ms
反弹时间	≤2ms
断口耐压	21kV

5.4.2　装置的仿真测试

零损耗短路电流限制装置最大的特点是缩短真空开关的燃弧时间，进而可以减小电弧能量，大幅度提高开断能力，极大地延长开关使用寿命。快速精确的预测出电流过零点的时间，在电流过零之前发出信号，使真空开关在交流电流过零、电弧自然熄灭前打开，成为解决问题的关键技术。零损耗短路电流限制装置内置专用快速算法，使用 FPGA 和高速浮点 DSP 技术，在短路电流上升沿 2ms 内完成对短路电流的计算、预测出电流过零点。

为验证这项技术的正确性、可靠性，考虑到实际环境中很难产生准确的几十千安培的电流，所以采用模拟的方法测试。使用电力系统实时仿真工具 RTDS 模拟，在其软件平台 RSCAD 上搭建短路系统模型，如图 5-6 所示。

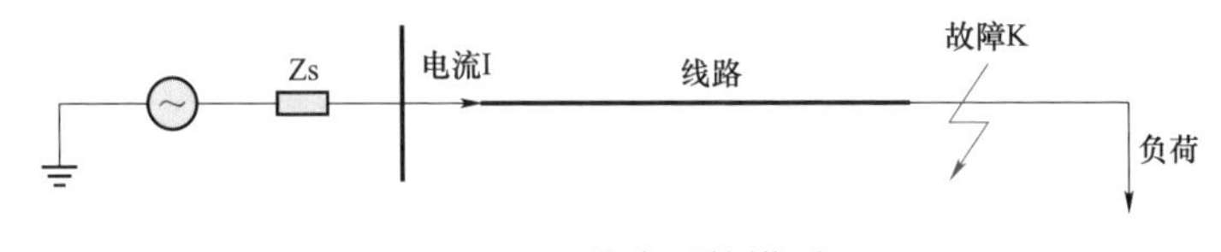

图 5-6　仿真系统模型

仿真中线路模型采用 Bergeron 模型，线路参数采用某 330kV 线路的实测参数；系统等值阻抗和线路参数共同决定了衰减时间常数，实验中通过调整系统等值阻抗中的电阻值来调整衰减时间常数，衰减时间常数从 60～100ms 变化；故障控制逻辑可控制故障触发时间从而决定短路初始角，实验中短路初始角从 0° 到 180° 变化。仿真系统线路参数见表 5–5，等值系统阻抗及对应的衰减时间常数见表 5–6。

表 5–5 仿真系统线路参数

正序阻抗（Ω/km）	正序电抗（Ω/km）	正序容抗（Ω/km）	线路长度（km）
0.009 194	0.335 572	0.245 22	80

表 5–6 等值系统阻抗及对应的衰减时间常数

等值系统阻抗（Ω）	衰减时间常数 τ（ms）
0.683 91 + j 0	60
0.327 93 + j 0	80
0.114 34 + j 0	100

实验中将 RTDS 的仿真数据（电流 I）通过 RTDS 的 GTAO 卡输出，RTDS 的 GTAO 卡输出 –10～10V 的电压信号。GTAO 卡输出电压信号接入到零损耗深度限流装置智能控制器内部 TA 的二次端。用示波器采集 DA 卡输出电压和零损耗深度限流装置智能控制器的动作脉冲信号。以此判断零损耗深度限流装置控制器对过零的计算是否正确。具体实验流程如图 5–7 所示。

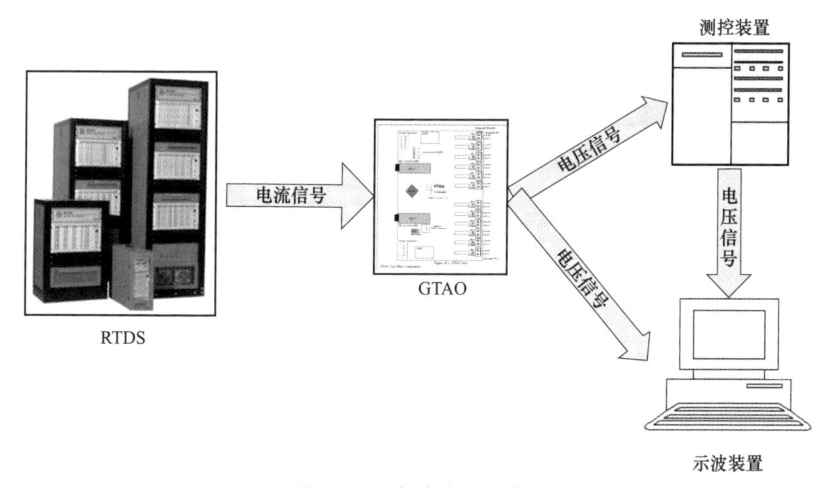

图 5–7 实验流程示意图

衰减时间常数为 80ms，短路初始角为 0° 的电流波形数据如图 5-8 所示。

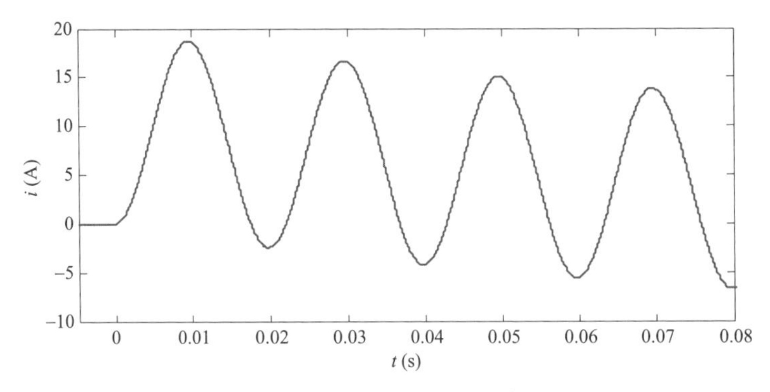

图 5-8 短路初始角为 0° 的电流波形数据

用示波器采集到得输出波形和自适应零损耗深度限流装置智能控制器输出的脉冲信号见图 5-9。

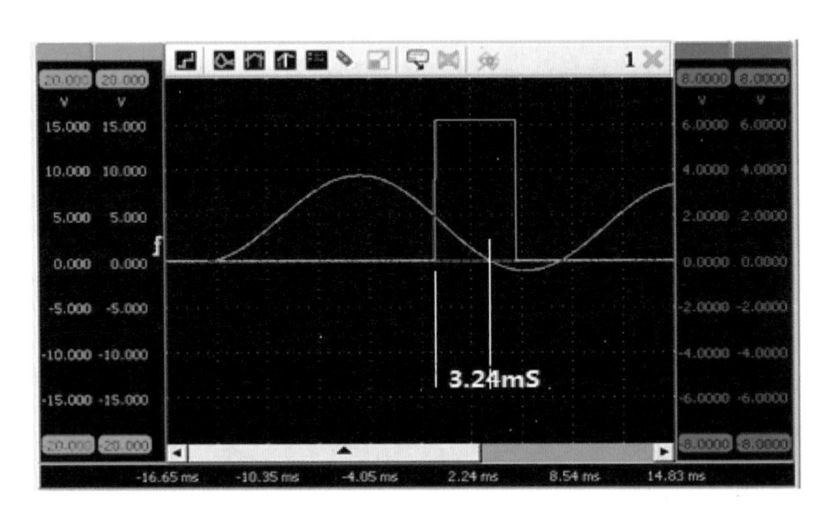

图 5-9 零损耗深度限流装置智能控制器输出的脉冲

由图 5-9 可以看出，控制器发脉冲的位置到电流第一过零时间为 3.24ms，3.24ms 是开关分闸时间和开关燃弧时间之和。在不同的角度下，脉冲开始位置到电流过零点的时间都应该为 3.24ms。

衰减时间常数为 80ms，短路初始角为 30° 的电流波形数据如图 5-10 所示。

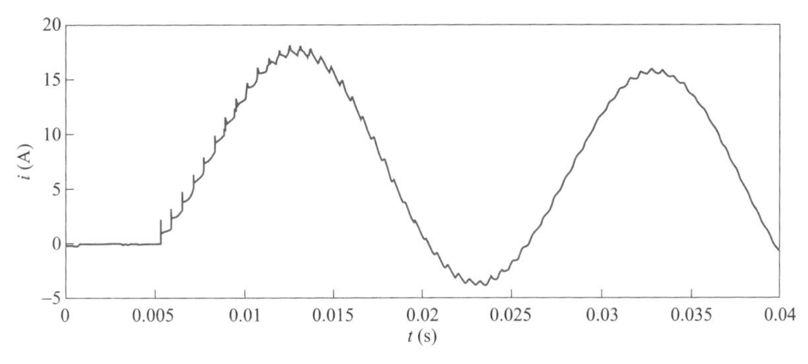

图5-10　短路初始角为30°的电流波形数据

用示波器采集到得输出波形和智能控制器输出的脉冲信号波形见图5-11。由图5-11可见，控制器发脉冲的位置到电流第一过零时间为3.26ms，3.26ms是开关分闸时间和开关燃弧时间之和。在不同的角度下，脉冲开始位置到电流过零点的时间都应该为3.26ms。

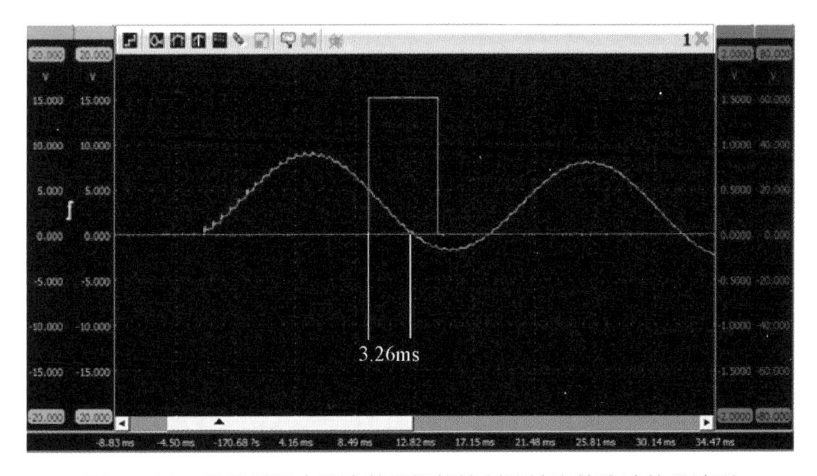

图5-11　零损耗深度限流装置智能控制器输出的脉冲信号波形

由上述分析可见，在每个角度下测试4次，不同衰减时间常数 T=60ms、T=80ms和 T=100ms时，不同初始角度的零损耗限流器动作平均值（时间单位为ms）见表5-7～表5-9。

表5-7　　T=60ms时零损耗限流器动作平均值

角度（°）	时间（ms）				平均值
0	3.06	3.08	3.04	3.06	3.06
30	3.15	3.21	3.15	3.17	3.17

续表

角度（°）	时间（ms）				平均值
60	3.2	3.24	3.21	3.28	3.2325
90	3.32	3.27	3.24	3.22	3.2625
120	3.3	3.26	3.14	3.17	3.2175
150	3.02	3.07	3.09	3.09	3.0675
180	3.08	3.03	3.06	3.05	3.055

表 5-8　　T=80ms 时零损耗限流器动作平均值

角度（°）	时间（ms）				平均值
0	3.32	3.27	3.32	3.25	3.29
30	3.34	3.38	3.39	3.35	3.365
60	3.38	3.13	3.34	3.15	3.25
90	3.34	3.13	3.13	3.26	3.215
120	3.28	3.29	3.25	3.31	3.2825
150	3.14	3.29	3.18	3.31	3.23
180	3.29	3.23	3.26	3.14	3.23

表 5-9　　T=100ms 时零损耗限流器动作平均值

角度（°）	时间（ms）				平均值
0	3.38	3.35	3.38	3.39	3.375
30	3.37	3.37	3.39	3.41	3.385
60	3.37	3.26	3.39	3.38	3.35
90	3.26	3.32	3.28	3.37	3.3075
120	3.31	3.33	3.33	3.23	3.3
150	3.43	3.31	3.41	3.41	3.39
180	3.42	3.42	3.41	3.39	3.41

图 5-12 为不同故障初相角下的零损耗限流器动作值，图 5-13 为对应的误差。

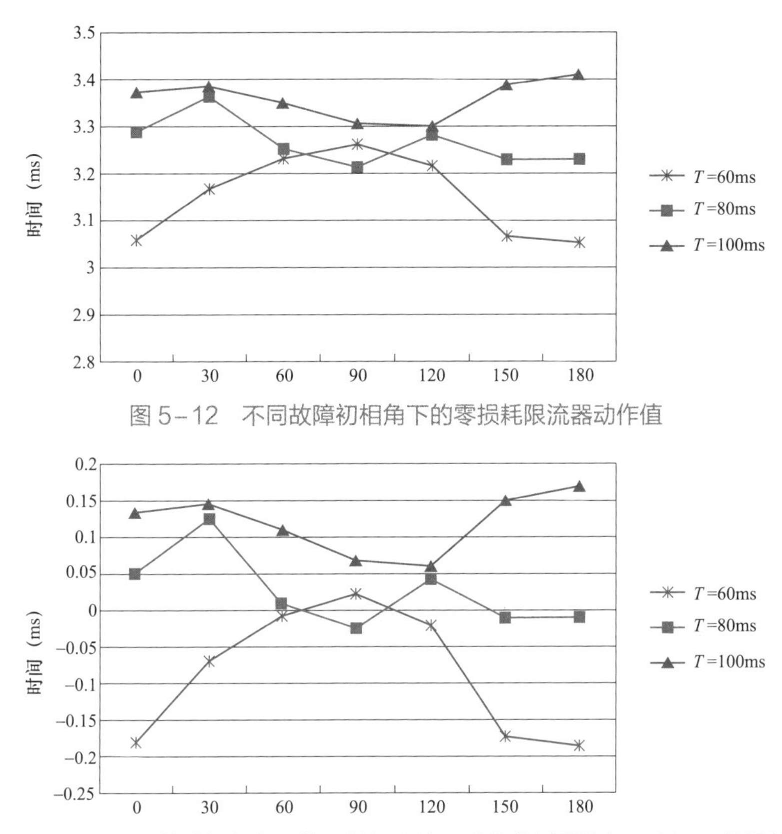

图 5-12　不同故障初相角下的零损耗限流器动作值

图 5-13　不同故障初相角下的零损耗限流器动作值测量值与 3.24ms 的误差

由图 5-13 可见，脉冲开始位置到电流过零点的时间均在 3.24ms 的±0.2ms 内。零损耗深度限流装置智能控制器的过零预测是可靠正确的。

5.4.3　装置的出厂试验

装置的出厂试验主要分为三个部分：主要元件性能检测、装置静态调试和额定高压试验。

（1）主要元件性能检测。主要元件性能检测包括对限流电抗、智能高速开关和真空接触器的进行工频耐压试验、机械性能测试；对控制器的保护定值、抗干扰性能和功能进行检测；对耦合电容器和分压电容器的参数测试，对限流电抗器的参数测试及大电流冲击试验。

其中，智能高速开关的开断试验如下：首先在合闸状态下，先对电容 C 进行充电，当电容 C 的电压达到 8kV 以后，基于 RLC 电路的充放电原理，构建

RLC 串联回路并闭合，此时，电容 C 中的电荷则通过整个串联回路形成振荡电路，调整参数使频率为 50Hz，当控制器检测到通过被试断路器的电流超过限值后，在预测到的电流过零点之前一定的超前时间（电流过零点预测的最大误差、被试断路器的固有分闸时间及其最大分散度、断口开断过程允许的最小燃弧时间并考虑适当的余量）发出分闸指令，以保证开关在电流第一次过零点完成开断。

通过峰值为 60kA 的开断试验，证明了试品在短路初相角为 0° 附近有效值为 40kA 的开断能力。通过峰值为 100kA 的开断试验，证明了试品在短路初相角为 90° 附近有效值为 40kA 的开断能力。

装置出厂前，要通过 60kA 的 358 次开断试验和 100kA 的 167 次开断试验，此外，过零开断技术也在 1:1 大电流试验台上经过上千次的开断试验考核得到了验证。

（2）装置的静态调试。装置的静态调试包括结构检查及一、二次接线检查，通信回路检查，二次回路绝缘电阻测试，通入工作电源后的通信和数据检查，过电流保护定值及动作可靠性检查等；此外，还要进行测控子站连同智能高速开关和真空接触器的联动操作试验，模拟智能高速开关拒合时的真空接触器合闸试验，模拟线路瞬时性故障与重合闸配合动作试验，模拟线路保护拒动时智能高速开关的动作试验等。

（3）额定高压试验。额定高压试验包括通入额定高电压后的通信和数据检查，测控子站连同智能高速开关和真空接触器的联动操作试验，模拟高电压下通入大电流后的过流保护动作可靠性检查和模拟额定高电压下的突然停、送电试验等。

5.4.4 装置挂网测试

装置挂网运行试验的目的主要有：

（1）考核系统发生短路故障时开关型零损耗 330kV 电网限流装置动作的正确性和可靠性。

（2）考核零损耗限流装置采用多单元串联方案时的深度限流能力，考核基于涡流技术的快速开关动作的同时性和可靠性。

（3）考核开关型零损耗限流装置两串联单元开断较大短路电流幅值和承受

较高断口电压的能力。

5.4.4.1　试验方法

测试上述装置性能，需要选择高压输电线路，并进行人工模拟短路电流及其故障参数，其步骤如下：

（1）选定高压输电线路，考虑到装置应用到高压系统，选择 330kV 输电线路。

（2）安装位置与方式。

将高压可重复电网限流装置放置于变电站进线间隔与变电站围墙之间，高压可重复电网限流装置 A、B、C 三相作为一个整体通过钢体底座固定在基础上，三相串联接入线路某相，该方案可实现深度限流，并可同时验证每个单相装置的实用性和快速真空断路器开断的同时性。

高压可重复电网限流装置为一套 A、B、C 三相结构和型式完全一致的装置，其动作行为互相独立各不影响，考虑到三相分别挂网带电运行和把三相装置串联接入一相挂网带电运行对装置的考验是一致的，若不考虑进行人工三相瞬时接地试验，只进行人工单相瞬时接地试验，则把装置 A、B、C 三相串联接入其中做试验的一相，则可把全套装置的性能做较全面的考核。

（3）短时挂网运行，单相瞬时接地试验。由于系统短路故障 90%以上为单相故障，相对三相故障对系统的冲击小，因此对高压可重复电网限流装置的短路考核选定为人工单相瞬时接地试验，不考虑进行人工三相瞬时接地试验。

（4）测试装置动作时间、限流效果和断口电压等参数。

（5）拆除装置。高压电网限流装置的挂网运行的方案采用限流装置临时接入，人工短路试验结束后拆除。

选取某电网量变电站间的 I 回作为安装限流装置的线路。由于变电站母线短路电流相对较小，不需要进行限流，但为验证高压可重复电网限流装置的本体性能，考虑在站间线路进行高压可重复电网限流装置的试验验证工作，高压可重复电网限流装置可按临时接入系统短时挂网运行，不做长期挂网运行考虑。

将限流装置三组全部 6 个限流单元串联接入线路 C 相，考核限制短路电流的深度（简称深度限流试验）。为了考核限流单元快速开关打开后耐受断口电压的能力，对其中一组两个限流单元单独进行人工单相接地试验（简称断口耐压试验）。图 5-14 所示为装置挂网接线图。

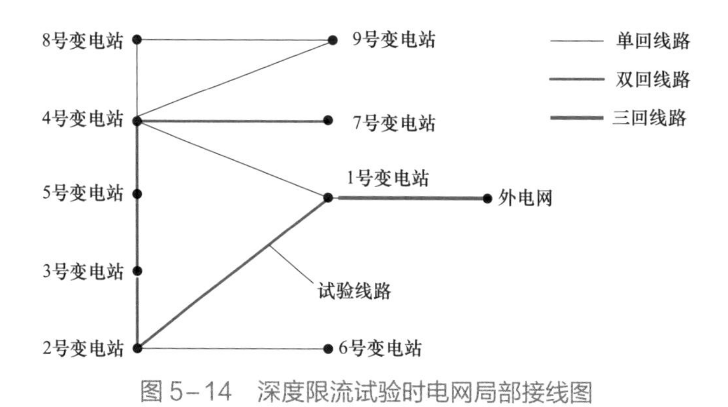

图 5-14 深度限流试验时电网局部接线图

该电网网内总负荷 9879kW/1687kvar；该电网内总发电 13 409kW/3420kvar；1 号变电站附近负荷情况：1 号变电站 384kW；2 号变电站 172kvar；3 号变电站 243kW；4 号变电站 412kW；5 号变电站 225kW。

将限流装置安装至 1 号变电站和 2 号变电站间线路 C 相，见图 5-15 和图 5-16。此方案便于校核装置各种性能，可以组合两断口（单相）、四断口（两相串联）、六断口（三相串联）的短路试验方案，验证限流深度考核装置可靠性、安全性和稳定性。一次试验可对 A、B、C 三相进行全部的考核。

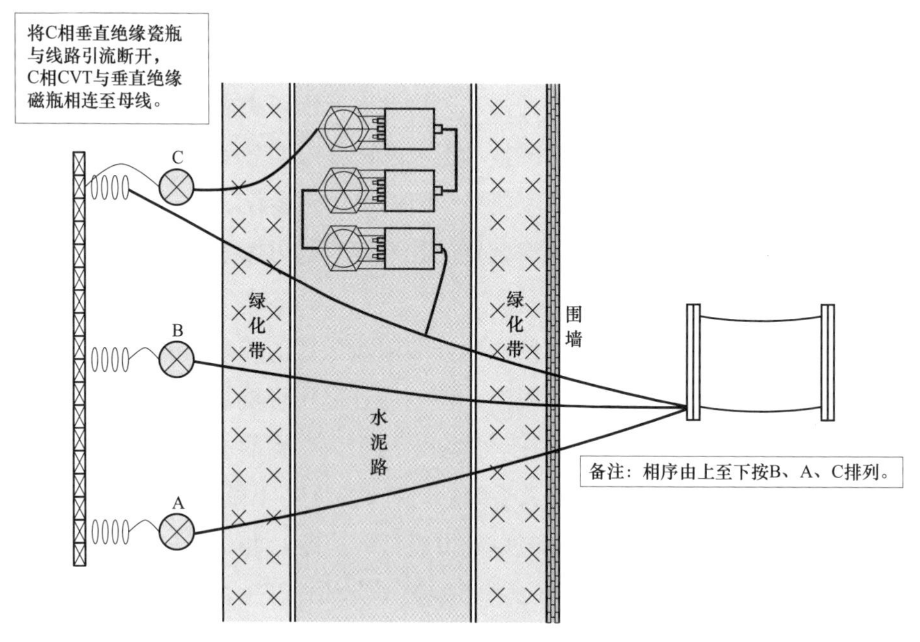

图 5-15 C 相俯视图

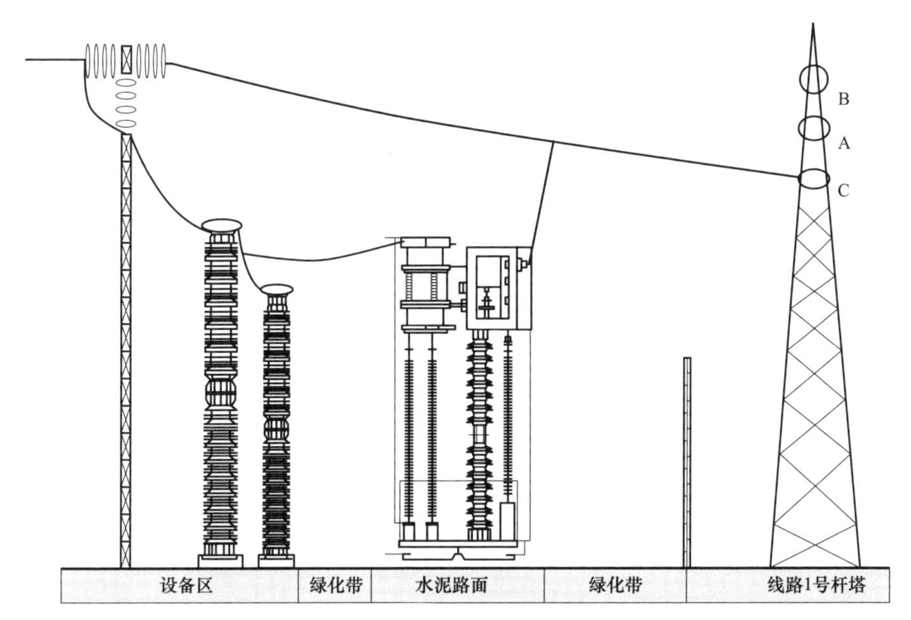

图5-16　C相侧面图

试验的两个运行方式如下：

（1）深度限流试验时的运行方式。对限流装置最大限流能力和对限流单元快速开关动作的一致性进行考核时的运行方式为：5月份1号变电站、2号变电站间Ⅰ线检修期间电网方式，试验前控制电网断面潮流如下：1号变电站、2号变电站间双回线和1号变电站、4号变电站间线路总负荷≤900MW，3号变电站、2号变电站间双回线和1号变电站、4号变电站间线路总负荷≤1000MW，7号变电站总出力大于550MW，试验时1号变电站、2号变电站间线路Ⅰ回投入运行。

（2）断口耐压试验时的运行方式。对限流装置限流单元快速开关动作后的断口耐压能力进行考核时的运行方式为：5月份1号变电站、2号变电站间Ⅰ回检修期间电网方式，试验前控制电网断面潮流如下：1号变电站、2号变电站间双回线和1号变电站、4号变电站间线路总负荷≤900MW，2号变电站、3号变电站间双回线和1号变电站、4号变电站间线路总负荷≤1000MW，7号变电站总出力大于550MW，试验时1号变电站、2号变电站间Ⅰ回只在1号变电站主变压器一侧带电。

5.4.4.2 限流结果与分析

将线路在330kV变电站一侧断开，在其空载运行的状态下，线路串接高压限流装置后，人工单相瞬时接地短路试验的短路电流及限流效果见表5-10。

表5-10 限流装置安装前后单相瞬时接地短路电流及限流效果 (kA)

限流措施	故障类型	故障点电流	流过串抗至短路点电流	电抗器两端口电压	限流效果
不加电抗	三相短路	37.253	37.254	—	—
	单相短路	36.834	36.822	—	—
1.20Ω	三相短路	32.279	32.290	38.7480	4.964
	单相短路	31.799	31.811	38.1348	5.011
3.60Ω	三相短路	24.173	24.126	86.8536	13.128
	单相短路	23.909	24.033	86.5188	12.801

由表5-11可见，发生单相瞬时接地短路故障时，装置流过约31.8kA的短路电流，限流装置（单相）承受38.135kV的断口电压（共两个限流单元，每个承受19.0671kV的断口电压），限流电抗器电抗值为1.20Ω。限流效果约5kA。将3相串接为一相后再进行人工单相接地试验，限流电抗器电抗值为3.60Ω。限流效果约12.8kA，装置流过约24kA的短路电流，限流装置承受86.5kV的断口电压（六个限流单元，每个承受14.41kV的断口电压），对系统影响比单相两个限流单元的装置影响小很多。

可见，该方案可实现深度限流，并可同时验证每个单相装置的实用性和快速真空断路器开断的同时性。第一次实验中，实际的人工单瞬试验中，C相故障，根据监测得到的电流信号，限流智能模块发出指令将6个限流单元同事串入线路，此时，原本30kA的故障电流降低到了17.9kA，限流幅度降低60%。

第二次试验中，串入了两个限流单元1.2Ω，短路电流从31.5kA降至26.3kA，此时断口电压15.78kV。

5.4.4.3 限流电抗器强磁场对控制器影响的试验研究

将按照1号变电站挂网试验样机的实际参数定制的3.82Mh/1.2Ω的限流电

抗器进行实验的过程参见图 5-17。

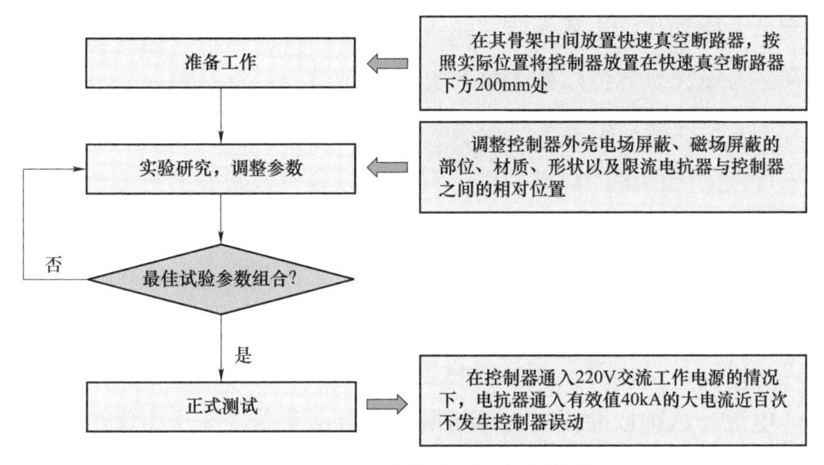

图 5-17　限流装置现场实验流程

5.4.4.4　限流电抗器与快速涡流驱动机构配合的试验研究

（1）当限流电抗器回路电流大于 60kA 时开关分闸试验。大电流试验台回路调整充电电容和电感参数，使频率为 50Hz±0.1Hz 以内，电流峰值达 85kA，被试开关处于合闸状态串入回路。当试验台开关合闸后，储能电容放电电流流经被试开关，由控制器控制被试开关在第一个电流过零处开断，并重复做 3 次。用于 330kV 限流装置的 6 台快速开关，均成功通过试验考核。这一结果表明，在放电电流有效值达到 40kA 时被试开关能够顺利完成开断并将电流转移到电抗器支路。

（2）放电电流下降到 7kA 时开关合闸试验。大电流试验台回路调整充电电容、电感，使频率为 50Hz±0.1Hz 以内，电流峰值达 57kA，被试开关处于合闸状态串入回路，当试验台开关合闸后，回路电流流经被试开关，控制被试开关在第一个电流过零处开断。之后当回路电流下降到 6kA 时控制被试开关合闸。用于 330kV 限流装置的 6 只控制器和 6 台快速开关分别经充、放电 5 次，合、分闸动作均准确无误。这一结果表明，当被试开关开断短路电流之后，能在负荷电流有效值达到 4kA 时顺利完成合闸。

调整充电电容的充电电压，使得流经电抗器的放电电流峰值达到 85kA。控制被试开关在第一个电流过零处开断之后，当回路电流下降到 7kA 时控制被试开关合闸。用于 330kV 限流装置的 6 只控制器和 6 台快速开关分别经充、放电 5 次，合、分闸动作均准确无误。这一结果表明，当被试开关开断短路电流之后，能在负荷电流有效值达到 5kA 时顺利完成合闸。

5.4.4.5　高压平台上取能方式的试验

由于将 330kV 限流设备安装在对地工频耐受电压为 510kV 的绝缘平台上，控制器、快速开关储能电容器的工作电源不能直接取自站用交直流 220V 系统，也不能经超高压隔离变供电。因此采用倒置式 CVT 供电。与普通电容式电压互感器 CVT 一样，先将超高压电源经电容分压后再由隔离变向快速开关和控制器提供工作电源。这种取能方式为恒压取能，方法简单、易于实现，但二次设备易受系统过电压的冲击甚至造成损坏。通过参数优化使得负荷变化时流经高压耦合电容器的电流不受影响，隔离变输出回路感受不到系统过电压的冲击。

接着，将测控子站接通电源，将分压电容器与隔离变压器初级绕组并联，次级输出向控制器和快速开关储能电容器供电。在分压电容器两端施加交流 50Hz 电压至 1300V，检查测控子站与控制器之间通信及数据显示正常，工作电源电压显示 134V，由测控子站控制快速开关和接触器进行分合闸操作，各反复进行 3 次，无拒动或误动。

再将隔离变压器初级电压上调至 1700V，检查通过测控子站与控制器通信及数据显示正常，工作电源电压显示 176V，由测控子站控制快速开关和接触器进行分合闸操作，各反复进行 3 次，无拒动或误动。

5.4.4.6　控制器极端条件下测试

检验控制器在极端恶劣条件下的性能，主要进行高低温试验、振动试验、老化试验、核对电磁干扰试验等。

（1）高低温试验。控制器和测控子站通电状态下，将控制器置于高低温试验箱中，并把温度调到 80℃保持 24h，白天每隔 2h 通过测控子站与控制器通信发出合闸或分闸指令，反复 3 次，观察是否有拒动或误动。

将温度调到−40℃保持 24h，白天每隔 2h 通过测控子站与控制器通信发出合闸或分闸命令，反复 3 次，观察是否有拒动或误动。

（2）振动试验。按 GB/T 11287—2000《电气继电器　第 21 部分：量度继电器和保护装置的振动、冲击、碰撞和地震试验　第 1 篇：振动试验（正弦）》中 3.2.1 规定的严酷等级为 1 级的振动响应试验，振动台响应的标称频率调至 10～150Hz，交越频率为 58～60Hz，交越频率以下的位移振幅为 0.035mm，峰值加速度 $5m/s^2$。控制器放置在振动台上，X/Y/Z 轴分别振动 8min 后停机，检查控制器无器件松动，通电后，观测各项功能操作是否正常。

（3）抗干扰能力及取能方式的试验。控制器和测控子站通入工作电源，同时将电源线加 4000V 的脉冲群抗扰信号 5min，通过测控子站进行快速开关的分合闸操作 5 次无拒动或误动，继续在信号输入端施加过电流整定值 90%的电流信号控制器可靠不动作，将电流信号提高到 110%的过电流整定值时控制器可靠发出快速开关分闸指令，保持 110%过流整定值信号持续 0.3s 后控制器可靠发出快速开关合闸指令；当控制器发出快速开关分闸指令后立即降低电流信号，在快速开关分闸后大约 2min 自动合闸。以上试验反复进行 5 次，观测快速开关是否存在误动、拒动问题，控制器无死机现象。

控制器和测控子站通入工作电源，将控制器输入信号线施加 2000V 的脉冲群抗扰信号 5 分钟，通过测控子站进行快速开关的分合闸操作 5 次无拒动或误动，在信号输入端施加过电流整定值 90%的电流信号控制器可靠不动作，将电流信号提高到 110%的过电流整定值时控制器可靠发出快速开关分闸指令，保持 110%过流整定值信号持续 0.3s 后控制器可靠发出快速开关合闸指令；当控制器发出快速开关分闸指令后立即降低电流信号，在快速开关分闸后大约 2min 自动合闸。以上试验反复进行 5 次，观测快速开关是否存在误动、拒动问题，控制器无死机。

控制器和测控子站通入工作电源，将电源线施加 2000V 的浪涌抗扰信号 2min，通过测控子站进行快速开关的分合闸操作 3 次无拒动或误动，在信号输入端施加过电流整定值 90%的电流信号控制器可靠不动作，将电流信号提高到 110%的过电流整定值时控制器可靠发出快速开关分闸指令，保持 110%过流整定值信号持续 0.3s 后控制器可靠发出快速开关合闸指令；当控制器分出快速开关分闸指令后立即降低电流信号，在快速开关分闸后大约 2min 自动合闸。以上试验反复进行 5 次，观测快速开关是否存在误动、拒动问题，控制器无死机。

经过上述极端环境条件测试，装置控制器能在±40℃正常运行；对装置进行严酷等级 1 级的振动响应和耐久试验，控制器无松动且运行正常；对装置进行脉冲群扰测试，结果表明快速开关无误动、无拒动，控制器无死机现象。

5.4.4.7 限流装置投入系统对继电保护影响的研究

为验证限流装置投入系统之后对现有线路继电保护动作行为的影响，按照 1 号变电站、2 号变电站以及 1 号变电站、2 号变电站间 1 线的 330kV 系统实际参数做了仿真试验研究。

上述两个变电站的 330kV 母线短路容量分别为 8714.67MVA 和 6096.16MVA，变电站 1、2 线正序阻抗和零序阻抗分别为 2.05+j15.44Ω 和 10.49+j39.99Ω。

限流装置装设在变电站Ⅰ回，短路点设置在线路首末段和线路中间，按照单相接地、两相接地、两相短路和三相短路，模拟 1 号变电站、2 号变电站间Ⅰ回和 1 号变电站、2 号变电站间Ⅱ回故障各 12 次。结果表明区内故障时 PSL602G 型和 WXH803 型两套保护在区内故障时均能可靠动作，区外故障时均能可靠不动。

5.4.4.8 限流单元的型式试验考核

型式试验考核主要项目有：

（1）绝缘试验，包括相对地工频耐受电压 105kV、雷电冲击耐受电压 204kV 及控制和辅助二次回路的工频耐压 2.4kV 试验。

（2）短路开断及限流效果试验，通过 35kV 试验台对试品施加 31.5kA 电流，试验 3 次，结果表明快速开关在电流第一次过零点成功将短路电流转移到电抗器支路，并将短路电流限制到 15.7kA，限流深度达到了预期的 50%。

（3）直流电阻测试及温升试验，测试主回路直流电阻温升试验前 28.3μΩ、温升试验后为 28.4μΩ，通入持续 2500A 后最高温升 62.5K。

（4）电磁兼容试验，通过了包括 4 级振荡波抗扰性试验、4 级电快速瞬变脉冲群试验、4 级浪涌（冲击）抗扰度试验在内的全部试验项目的考核。

（5）快速开关机械性能试验，快速开关在额定 220V 工作电压下进行 30 次合、分操作循环正常，在最低工作电压 187V 下进行 10 次合、分操作循环正常，在最高工作电压 253V 下进行 10 次合、分操作循环正常，在额定电压 220V 下测试分闸时间为 4.2ms，合闸时间为 13.8ms。

5.4.4.9 装置限流测试

检验装置的限流效果，需要进行人工单相瞬时接地试验，在进行实验前，需要对装置进行带电检查和带点运行测试，以观察装置及其电力系统运行环境是否具备试验条件。

（1）电网限流装置带电检查。1 号变电站、2 号变电站间 I 回线路在 1 号变电站一侧带电后检查装置带电后外观、观察各部工作、控制器与测控子站之间通信、数据传输等，并进行测控子站开关操作试验，当限流装置带电运行 15min 内控制、操作一切正常时，说明具备运行条件。

（2）电网限流装置带电运行。1 号变电站、2 号变电站间 I 回线路 2 号变电站侧断路器合闸，线路带限流装置运行，运行电流为 300～330A。运行电流运行 36min 后一切正常，具备试验条件，可以进行短路试验。

试验步骤如下：

第 1 步，将限流装置接入选定变电站间输电线路 1 号变电站、2 号变电站间 I 回线路 C 相，具体参见图 5-18 所示。

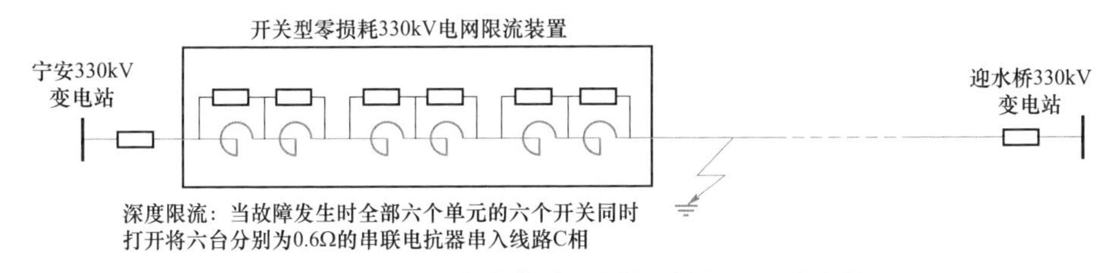

图 5-18 深度限流试验时限流装置接入 1 号变电站、2 号变电站间 I 回线路 C 相示意图

第 2 步，通过发射装置将人工短路线投向 1 号变电站、2 号变电站间 I 回线路 C 相导线引弧框，搭建实际的单相接地故障，检查限流装置动作情况、测试数据的完整性和准确性；检查装置动作成功后状态。

第 3 步，装置的断口耐压试验，接调令后先由 1 号变电站主变压器合 3351 开关，迎水桥一侧断路器保持冷备状态，线路一侧带电，具体操作参见图 5-19。

第 4 步，检查限流装置在 330kV 电压下带电后外观；观察各部工作状态，观察控制器与测控子站之间通信和数据传输是否正常；通过测控子站进行开关的操作测试装置运行状态。

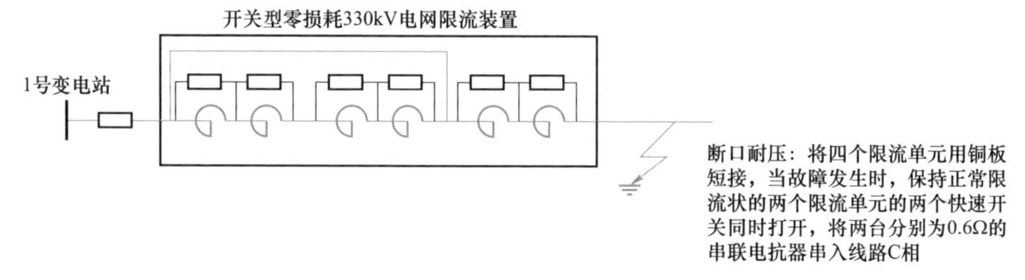

图 5-19　深度限流试验时限流装置断口耐压试验

结果如下：

（1）对开关型零损耗 330kV 电网限流装置进行最大限流能力以及限流单元快速开关动作的一致性进行考核，需要将限流装置的全部 6 个限流单元串联同时接入故障线路 C 相，考核限制短路电流的深度。测试采用的罗克线圈是一种均匀缠绕在截面均匀细小的非磁性骨架上的空芯线圈，因其没有铁芯故不存在饱和问题。测试得到的电流波形如图 5-20 所示。

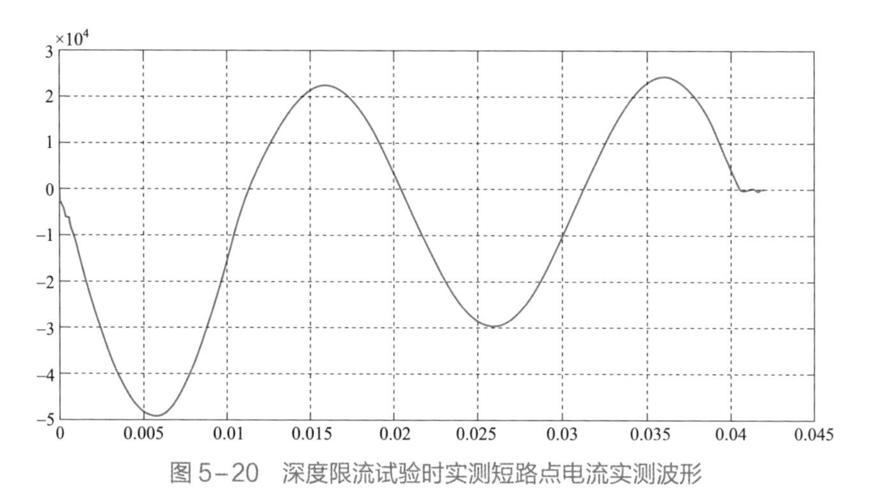

图 5-20　深度限流试验时实测短路点电流实测波形

如图 5-20 可见，故障电流波形在 0.0115s 的第一个过零点后，波形的斜率发生变化，有明显的拐点，说明此时限流电抗已经投入，即在故障发生的首播过零点，6 个限流单元快速开关同时打开串入线路，相当于故障相增加了 3.6Ω 的电抗，使得短路电流显著减小，达到了限制电流的目的。

图 5-20 还可见，短路瞬间不加限流装置时，短路电流有效值为 32kA，限流装置投入后，短路电流有效值限制（次暂态电流）到 19.9kA，限流效果达到 12.1kA。

（2）考核快速开关承受断口电压的能力，第二次试验所得到的电压波形如图 5-21 所示。

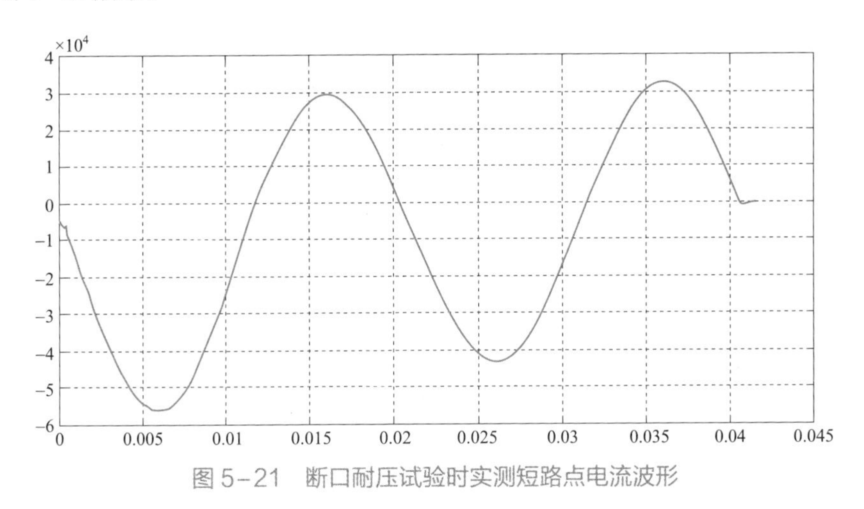

图 5-21　断口耐压试验时实测短路点电流波形

由图 5-21 可见，故障电流波形在 0.0115s 的第一个过零点后，波形的斜率发生变化，有明显的拐点，说明此时限流电抗已经投入，即在故障发生的首播过零点，2 个限流单元快速开关同时打开串入线路，相当于故障相增加了 1.2Ω 的电抗。

由图 5-21 可见，短路瞬间不加限流装置时，短路电流有效值为短路点电流有效值为 31.5kA，限流装置投入后，短路电流有效值限制（次暂态电流）到 26.3kA，限流效果达到 5.2kA。此时流过限流装置串联电抗器的电流为 26.3kA，每个打开的快速开关承受约 15.78kV 的断口电压，还有 24.86%的耐压裕度。

（3）变电站母线电压短路期间电压波形。图 5-22 是在限流装置全部 6 个限流单元串联接入线路时的母线电压波形。

由图 5-22 可见，在故障发生时，1 号变电站母线电压 A 相峰值由正常时的 285kV 跃升到 309kV，过电压倍数为 1.08 倍，B 相峰值由正常时的 285kV 跃升到 310kV，过电压倍数为 1.09 倍，故障切除时，C 相恢复有一个比 A、B 相较高的峰值电压，由正常时的 286kV 跃升到 306kV，过电压倍数为 1.07 倍。

图 5-23 是 1 号变电站、2 号变电站间 I 回线路单侧带电的方式下时线路 C 相带限流装置的 2 个限流单元串联接入线路时的母线电压实测波形。

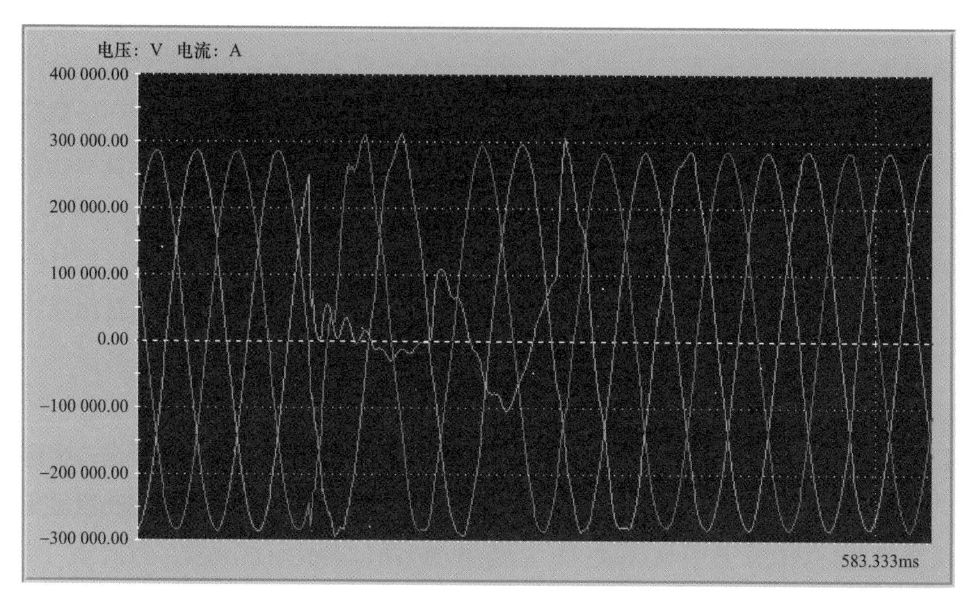

图 5-22 1 号变电站母线电压波形（6 个限流单元全串入）

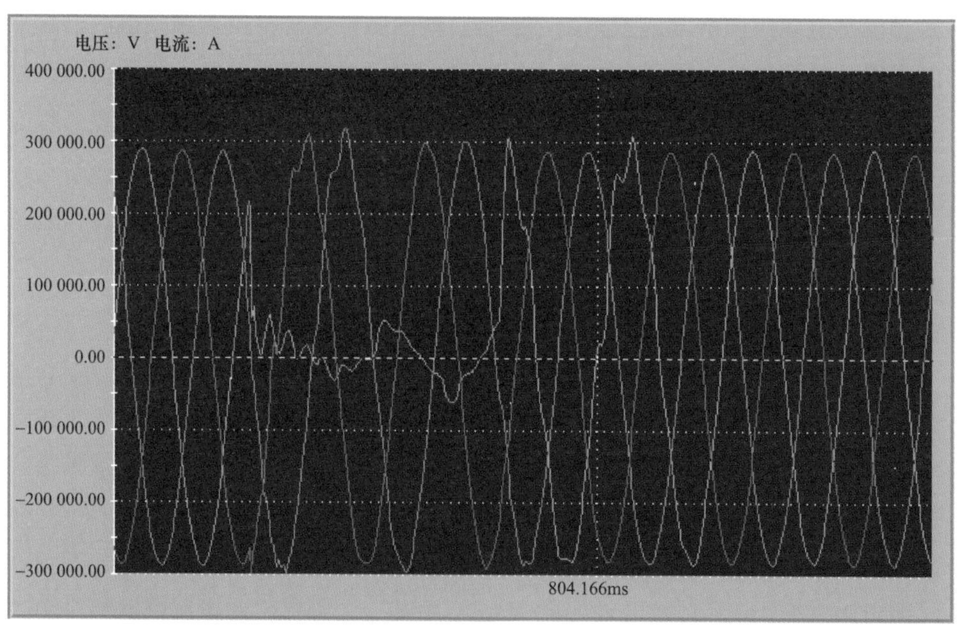

图 5-23 1 号变电站主变压器母线电压波形（2 个限流单元串入）

由图 5-23 可见，在故障发生时，1 号变电站变母线电压 A 相峰值由正常时的 286kV 跃升到 310kV，过电压倍数为 1.08 倍，B 相峰值由正常时的 287kV 跃升到 319kV，过电压倍数为 1.11 倍，故障切除时，C 相恢复有二个比 A、B 相较高的峰值电压，由正常时的 289kV 跃升到 307kV，过电压倍数为 1.06 倍。

可见两次故障过程中过电压倍数最大为 1.11 倍，系统操作过电压水平较低。

5.5　基于 NSGA－Ⅱ零损耗短路电流限流装置优化配置方法

限流措施优化配置不仅包括选择限流措施，还包括对限流装置的安装地点进行选择，因此是一个多目标、非线性、高纬度的优化问题，较适合选用优化算法求解。曾有文献采用粒子群算法、遗传算法等人工智能算法对限流选址计算过，其中，遗传算法因其易于实现、寻优能力强、收敛速度快在工程领域得到了广泛应用，也有文献提出了基于遗传算法的限流优化配置，不过仅侧重于限流装置的安装地点优化，对限流装置本身的经济性考虑不足。

从提高遗传算法的全局寻优能力和加快其求解速度的目标出发，提出了基于 NSGA－Ⅱ的限流优化配置方法，并用实际工程案例加以验证。

各类限流措施技术与经济性指标见表 5－11，表 5－11 中，成本系数和损耗系数越大说明成本或损耗越大。

表 5－11　各类限流措施技术与经济性指标

装置类型	技术指标	成本系数	损耗系数
限流电抗器	330kV，35kA	2	5
高阻抗变压器	330kV，35kA	2	5
串联谐振型限流装置	500kV	5	1
磁控电抗器	330kV	4	1
超导限幅	35kV，1.2kA	4	1
零损耗节能限流器	330kV，35kA	3	1

假定电力系统中可以加装限流装置的地点有 N 个，构建 N 维数组

$[s_1, s_2, \cdots s_N]$，数组中的元素用 1 或 0 表示，1 代表在该地点加装限流装置，0 表示不加装；将待选用的 n 种短路电流限制方式用 n 维数组$[x_1, x_2, \cdots x_n]$表示，则构建优化优化目标如下

$$\min\begin{cases} \mathrm{F} = \sum_{i=1, j\in n}^{\mathrm{M}} (s_i x_j C_j) \\ \mathrm{M} \end{cases} \tag{5-1}$$

式中：F 为系统优化配置的总费用；M 为加装限流装置的地点集合；C_j 为第 j 中限流措施的成本。

加装限流装置后，还需要满足系统稳定性约束

$$\text{s.t.}\begin{cases} f_{\min} \leqslant f \leqslant f_{\max} \\ i_{\text{cutmin}} \leqslant i_{\text{cut}} \leqslant i_{\text{cutmax}} \\ S_{\mathrm{G}i\min} \leqslant S_{\mathrm{G}i} \leqslant S_{\mathrm{G}i\max} \\ \sum_{i=1}^{M} S_{\mathrm{G}i} = \sum_{j=1}^{U} S_{\mathrm{L}j} + \sum_{k=1}^{V} \Delta S_k \end{cases} \tag{5-2}$$

式中：i_{cut} 为限流后的短路电流；i_{cutmax} 为断路器的遮断容量之内的短路电流；i_{cutmin} 为能够让保护装置动作的短路电流限值；f 为电力系统运行参数；max 和 min 的下标代表个各参量的高低限值；下标 G 代表电源节点，下标 L 代表输电线路集合；S 代表复功率；V 代表所有损耗功率的设备集合，其中包含限流装置。

采用 NSGA－Ⅱ求解上述优化模型。算法在选择个体的机制上采用快速非支配排序策略，保证了所求解最接近 Pareto 最优解；在优化过程中，利用个体拥挤距离策略，以保证 Pareto 最优解在可行域空间内分布均匀，最后，在筛选子代时借助精英策略，以保证 Pareto 最优解的完备性，具体优化流程如下：

第 1 步，输入电网基本参数，可加装限流装置地点，装置类型参数，成本预算、用料选材等信息参数。

第 2 步，根据式（5－1）构建限流器选型和选址优化目标，按照限流器需求特性确定约束条件。

第 3 步，遍历可加装限流装置地点和限流类型，以此为基础确定一个规模为 N 的种群 A，用选择、重组、变异操作后，进行非支配个体选择后，设置迭代次数 M，利用 NSGA－Ⅲ优化算法得到个体。

第 4 步，检查限流器对电力系统的影响是否满足稳定运行条件：在优化过

程中嵌入潮流程序，将迭代产生的种群解码为补偿装置的参数，带入潮流计算，检查系统的稳定性，如满足收敛条件，则种群可作为新父代，产生下一子代，否则将结束优化。

第 5 步，进行 Pareto 最优解的判别与甄选。验证结果，结束程序，输出优化方案。

全网范围内限流装置优化配置优化流程参见图 5-24。

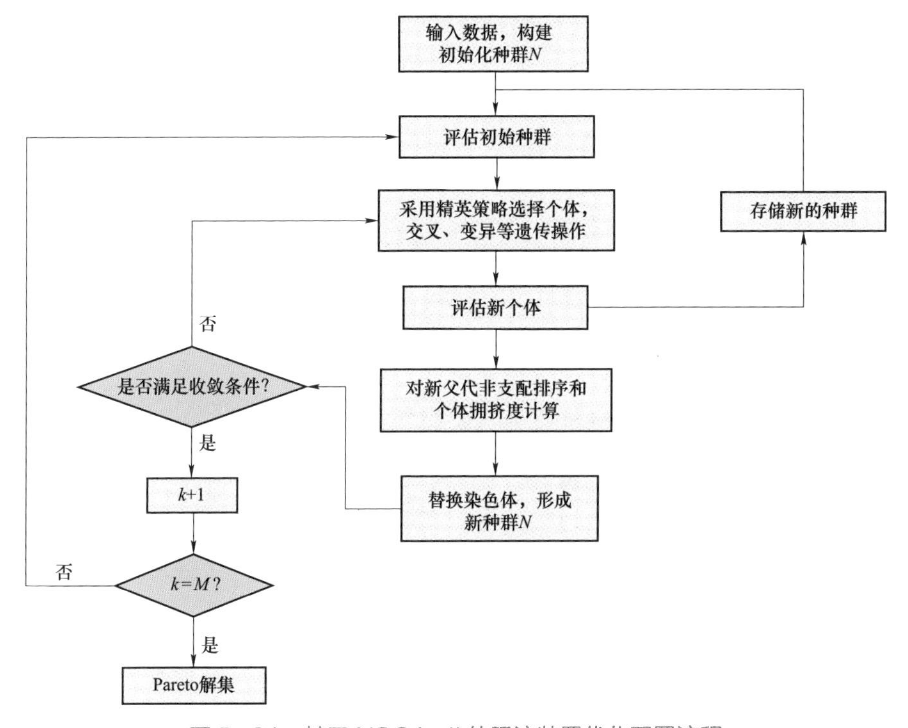

图 5-24　基于 NSGA-II 的限流装置优化配置流程

利用上述方法得到的 Pareto 解集，还需要进行最优可行解的确定。优化后满足收敛只有一个方案时，即为最优方案。有几种优化控制方案时还需要用模糊集理论、密切值等评价方法在这几种非劣解中选择出最优折中解。推荐采用模糊集理论判断。将各目标函数对应的满意度用模糊隶属度函数 h_i 来表示

$$h_i\begin{cases}1, \quad f_i \leqslant f_i^{\min} \\ \dfrac{f_i^{\max}-f_i}{f_i^{\max}-f_i^{\min}}, \quad f_i^{\max} > f_i > f_i^{\min} \\ 0, \quad f_i \geqslant f_i^{\max}\end{cases} \tag{5-3}$$

式中：$i \in \{1, 2, \cdots, N_{obj}\}$；$f_i$ 为目标函数；N_{obj} 为目标函数个数；$f_i^{\max}$ 和 $f_i^{\min}$ 分别为第 i 个目标函数的最大和最小值；h_i 为 0 或 1 时则分别代表对第 i 个目标函数值完全不满意或完全满意。

则 Pareto 解的标准化满意度为

$$h = \frac{1}{N_{obj}} \sum_{i=1}^{N_{obj}} h_i \tag{5-4}$$

最后通过比较，将具有最大 h 值的 Pareto 最优解确定为最优折中解。

第6章 工 程 应 用

本章主要列举了三个国内限流措施的工程应用，阐述了对短路电流的变化、限流措施对比和选择、实施效果以及最终确定限流方案总过程。

6.1 限 流 工 程 1

6.1.1 电网短路水平现状

近年来，某电网规模扩大，网架结构也不断优化，该电网因 750kV SH 变电站及其 220kV 配出工程的投运，负荷接纳能力大大提升，然而，随着周边大量热电厂扩建等规划项目的陆续实施以及新能源的陆续接入，供电容量逐年增加，短路电流水平也随之攀升，短路电流超标现象已出现，甚至预计三年内出现在电力系统的各个供电电压侧，包括高压侧、中压侧、低压侧，将影响到开关设备的开断能力和变压器抗短路电流能力。图 6-1 所示为该电网网架结构。

2015 年，对该电网变压器抗短路能力以及短路水平进行了专项研究，发现 HL 变电站 1 号、HN 变电站 1 号、LY 变电站 3 号的三台 110kV 变压器绕组抗短路能力不足 100%。具体参见表 6-1。

表 6-1　　三台 110kV 变压器抗短路能力评估结果

序号	变压器信息		最大可承受短路电流 I_1（kA，稳态值）			短路电流计算值 I_2（kA，稳态值）				抗短路能力系数（%）				抗短路能力评估
						中压 110kV		低压三相						
	安装变电站	间隔单元	高压绕组	中压绕组	低压绕组	检修方式三相	大方式单相	线电流	相电流	中压三相安全系数	中压单相安全系数	低压压三相（线电流）	低压三相（相电流）	
1	HL 变电站	1 号	3.50	15.00	7.20	6.43	—	14.61	8.44	233.32	—	85.35	—	C
2	HN 变电站	1 号	2.36	4.40	9.74	5.66	—	11.45	6.61	77.75	—	147.33	—	D
3	LY 变电站	3 号	2.95	6.43	7.13	8.04	—	17.12	9.88	79.96	—	72.13	—	D

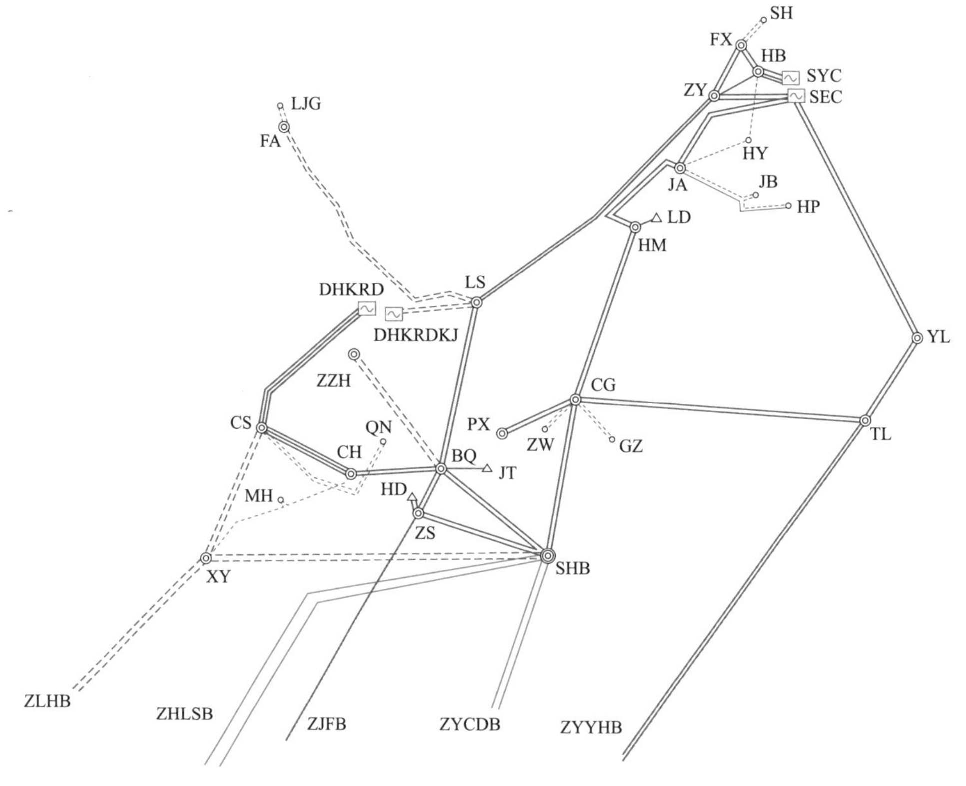

图 6-1　某电网网架结构

定义变压器抗短路能力系数 k 为

$$k=\frac{\text{变压器可承受最大短路电流（变压器厂家给出）}}{\text{变压器中低压最大短路电流（由系统决定）}} \tag{6-1}$$

表 6-1 中，抗短路能力的等级按照系数 k 高到低的顺序，划分为 A、B、C、D、E 五个等级。其中：

A 类能承受 120%以上短路电流冲击。

B 类能承受 100%～120%短路电流冲击。

C 类能承受 80%～100%短路电流冲击。

D 类能承受 60%～80%短路电流冲击。

E 类能承受 60%以下短路电流冲击。

由表 6-1 可见，HL 变电站 1 号变压器低压侧绕组抗短路能力不足，HN 变电站 1 号变压器中压侧绕组抗短路能力不足，LY 变电站 3 号变压器中压侧、低压侧绕组抗短路能力都不足。

此外，除了上述三台变压器存在抗短路电流能力不足 100%以外，该电网正在运行的 220kV、110kV 变压器中，37 台 220kV 变压器中的 30 台已加装限流电抗器，7 台没有加装限流电抗器，具体原因是 TL 变电站、CS 变电站 5 台主变压器低压侧仅电容器无负荷出线，PX 变电站 2 台主变压器低压侧短路电流较小；110kV 变压器共 65 台，均没有安装限流装置或者采取限流手段，其中的 34 台变压器附有厂家出具的能承受的最大短路电流数据。

变压器抗短路能力不足会直接影响到电力系统的安全运行，一旦变压器本体毁坏，将带来灾害性的事故。此外，超标的短路电流会带来电网安全稳定运行隐患，为此需要寻找一种最优的限制短路电流方法。

6.1.2 解决方案

针对该电网短路水平现状，重点关注主变压器安全，兼顾断路器开断安全性，提出下述解决方案：

第 1 步，针对确定的 3 台抗短路电流能力不足 100%的变压器提出限流整改方案，明确安装限流装置的具体地点；对 34 台 110kV 变压器抗短路电流能力进行分析量化，根据变压器抗短路能力系数，找出需要治理短路电流的节点，若采取加装限流装置的话，还需要确定具体地点是高压侧还是低压侧。

第 2 步，在确定短路电流限制时应遵循以下 3 个原则：

（1）为避免主变压器损坏事故，应将短路电流限制到额定电流的 5 倍以下。

（2）为不影响继电保护的灵敏度和选择性，限流后的短路电流应不低于额定电流的 2 倍，即将限流装置考虑在主变压器差动范围内，这样限流后短路电流的减少只需要考虑对后备保护的影响，即 1.3×1.5=1.95。

（3）限流后，短路电流须小于变压器可承受的最大短路电流，并使之达到 A 类抗短路能力。

第 3 步，设计短路电流限制方案：

（1）调整运行方式。

（2）对于部分变电站未来几年内短路电流增幅明显，超过开关额定遮断容量，加装高压或低压侧配置限流电抗器。

（3）限流电抗器的选型以满足技术性和经济性的平衡为目标，择优选择限流装置。

第 4 步，加强变压器抗短路能力的滚动校核，及时发现变压器抗短路能力不足的潜在风险，提前做好限流措施，确保短路电流水平在合格范围内。

按照该电网目前的架构和参数，对短路电流进行了计算，得到下述结论：

（1）HL 变电站 1 号变压器抗短路能力评估不足，变压器抗短路能力一般，存在短路损坏隐患，需要低压侧增加电抗值限制短路电流。

（2）HN 变电站 1 号变压器中压侧短路电流超标，需要进行治理；计划在中压侧进行限流。

（3）LY 变电站中压侧和低压侧短路电流超标，需要进行治理；计划在高压侧进行限流。

6.1.3 限流措施分析与对比

1. 电抗器

（1）XKK－10－2000－8%电抗器。对 XKK－10－2000－8%电抗器进行下述计算：

有功损耗功率 $P_K=12.196\times3=36.588$kW。

三相无功损耗 $Q_K=3\times\frac{U_N}{\sqrt{3}}\times I_N\times X_L\%=3\times\frac{10}{\sqrt{3}}\times2000\times0.08=2771.28$kvar。

年总的损耗 $\Delta P=\beta^2\Delta P_\Sigma T=\beta^2(P_K+0.1Q_K)T$，选取负荷率 $\beta=0.7$，年运行 $T=8000$ 小时，每千瓦时按照 0.5 元计，每年损耗电能达到 1 229 767kWh，折合人民币 61.49 万。

（2）XKK－10－4000－6%电抗器。对 XKK－10－4000－6%电抗器进行下述计算：

有功损耗功率查电抗器参数表得到：$P_K=15.416\times3=46.248$kW。

三相无功损耗：$Q_K=3\times\frac{U_N}{\sqrt{3}}\times I_N\times X_L\%=3\times\frac{10}{\sqrt{3}}\times4000\times0.06=4156.92$kvar。

年总的损耗：$\Delta P=\beta^2\Delta P_\Sigma T=\beta^2(P_K+0.1Q_K)T$，取负荷率$\beta=0.7$，年运行$T=8000$h，每千瓦时按照 0.5 元计，每年损耗电能达到 1 810 805kWh，折合人民币 90.54 万。

此外，由于限流电抗器串联在主回路中，这必将加大线路电压降，甚至影响系统的暂态稳定和动态稳定性；再者，限流电抗器多为空芯电抗器，正常运行时产生的漏磁场不仅会恶化周围设备的电磁环境，导致通信系统异常或继电保护不正常动作，而且漏磁场还将造成附近金属构架或金属壳体的附加涡流发热损耗。

2. 高阻抗变压器

采用高阻抗变压器来限制短路电流的效果与影响与串联限流电抗器相比没有太大区别，同样存在电能损耗和电压降落的问题。

3. 电抗器与电容器串联谐振型

由电抗器与电容器串联构成的串联谐振型限流方案也完成了挂网试验：正常运行时电容器抵消了限流电抗器的感抗，不会产生无功损耗；一旦线路发生短路故障，则通过放电间隙、电子开关和旁路开关将补偿电容短接，由限流电抗器限制短路电流，但当流过负荷电流时仍然会在限流电抗器的电阻上产生有功损耗。

尽管这种有功损耗比起未加补偿电容前要小得多，但仍然不可忽视。更重要的是，这种限流方案技术复杂、体积庞大、造价高，而且运行可靠性并不理想。

4. 带有直流偏磁绕组的电抗器

带有铁芯的具有直流偏磁绕组的电抗器也在研制过程中。正常运行时电抗器受直流偏磁的影响工作在低阻抗区，一旦发生短路立即撤出偏磁直流，电抗器进入高阻抗区限制短路电流。与串联谐振限流方案相比，尽管取消了电子开关，但又增加了整流设备和控制设备，同样存在技术复杂、体积庞大、造价高以及有功损耗等问题。而且这种直流偏磁式限流电抗器，若用于高压电网还有很多技术问题有待于进一步研究解决。

5. 超导限流

正常运行时超导限流器工作在临界参数（电流、温度或磁通）以下的超导状态，一旦发生短路时超导体立即进入失超状态，呈现高阻抗限制短路电流。这种超导限流方案尽管目前成为国内外的热门话题，但由于参数低、技术复杂、不成熟等原因还远远没有达到实用阶段。我国首套超导限流器参数为 10kV、1.5kA，于 2005 年完成了挂网试验，但因体积、成本等综合因素又于 2006 年年底退出运行了。

我国另一套 35kV、1.2kA、90MVA 饱和铁芯超导限流器曾于 2009 年完成挂网试验并运行至今，这也是目前世界上电压等级最高、容量最大的超导限流器。

总之，超导限流器不仅技术指标远远不能适应高压电网的需要，而且体积庞大、技术复杂，可靠性有待于进一步考验，造价昂贵。

6. 大容量高速开关并联电抗器

部分国内用户采用大容量高速开关并联电抗器，采用雷管式桥体开断。一次与电抗器并联，当短路电流流过时桥体开断。故障消除后，大容量高速开关并联电抗器不能自动复位，动作后需要更换桥体。不但需要更换备品费用，每次还需要停电检修至少 2 天。

7. 快速开关并联电抗器

随着机械快速开关技术的发展，分闸时间已经可以做到 5ms，合闸时间可以做到 10ms，考虑将快速开关和电抗器并联，利用测控装置，正常运行电抗器被快速开关短接，系统无损坏运行，在系统发生短路时，快速开关分闸，短路电流换流进入电抗器中，限制短路电流。短路故障切除后，测控单元自动检测电流恢复，立即给快速开关发出合闸命令系统恢复正常运行。

实际运行中，母线或电源之间解列运行来限制短路电流，这是一种无奈的选择。但本次抗短路能力不足的三台主变压器本身已经是解列运行。

8. 各类限流装置对比

根据上述分析，根据装置投资、运行成本、技术门槛等因素，将各类限流装置对比见表 6-2。

表6-2　　各种限制短路电流方案的比较

项目	电抗器	高阻抗变压器	电抗器与电容器串联谐振	带有直流偏磁绕组的电抗器	超导限流	大容量高速开关并联电抗器	快速开关并联电抗器
装置投资	低	高	高	高	高	低	低
运行成本（损耗）	高	高	低	低	低	高	低
综合成本（投资+运行）	高	高	高	高	高	高	低
技术门槛	低	低	技术不成熟	技术不成熟	技术不成熟	中	中
运行可靠性	高	高	低	低	低	低	高

综合上述比较可见，电抗器、高阻抗变压器运行成本高（运行损耗大）；电抗器与电容器串联谐振、带有直流偏磁绕组的电抗器、超导限流技术尚不成熟；大容量高速开关并联电抗器运行可靠性低；而快速开关并联电抗器综合指标为最佳选择。

6.1.4　限流方案

1. HL 变电站 1 号变压器限流方案

HL 变电站 1 号变压器容量为 63MVA，容量比为 1:1:0.5；变比为 110/38.5/10.5；阻抗 $X_{\text{I-II}}=10.45\%$；$X_{\text{II-III}}=6.35\%$；$X_{\text{I-III}}=18.62\%$。

根据参数，确定设计目标是使 1 号变压器达到 A 类标准，即在变压器低压侧串联 ZLB 电抗器之后短路时，低压侧限后，短路电流为变压器最大可承受短路电流的 0.83 倍。则限流后的短路电流为

$$I=7.2\times0.83=6.0\text{kA} \tag{6-2}$$

且

$$I\leqslant5\times I_n=8.66\text{kA} \tag{6-3}$$

此时，变压器低压侧短路时线电流由 8.44kA 限流到 6.0kA。用 X_{K2} 表示加装限流装置前系统总阻抗，X_{K3} 表示限后总阻抗，根据上述限流目标，则有

$$X_{\text{K2}}=\frac{10.5}{8.44\times\sqrt{3}}=0.718\,3\Omega \tag{6-4}$$

$$X_{\text{K3}}=\frac{10.5}{6\times\sqrt{3}}=1.010\,4\Omega \tag{6-5}$$

则电抗器阻抗应为 $X_{ZLB}=X_{K3}-X_{K2}=0.292\ 1\Omega$。

取电抗器额定电压 $U_N=10.5\text{kV}$；额定电流 $I_N=2000\text{A}$，则电抗率为

$$X\%=\frac{\sqrt{3}\times X_{ZLB}\times I_N}{U_N}=\frac{\sqrt{3}\times 0.292\ 1\times 2000}{10\ 500}=9.6\% \tag{6-6}$$

HL 变电站 1 号变压器限抗装置参数应为 10.5－2000/40－0.292 1Ω。

考虑到直流偏磁、超导限流技术尚处于试验阶段，且投资费用巨大，不予比较；大容量高速开关并联电抗器运行可靠性低也不予比较。高阻抗变压器与普通电抗器限流处于一个类型，限流程度相同损耗相同，因此按照一种类型考虑。故本次运行损耗和造价比较仅需比较普通电抗器、电抗器与电容器串联谐振、快速开关并联电抗器三种方案。

（1）普通电抗器。根据 HL 变电站限抗参数，对于普通电抗器型号 XKK－10.5－2000－10%，三相式 38.6 万元/套，查电抗器参数表得到 XKK－10.5－2000－10%电抗器有功损耗功率 $P_K=13.7\times3=41.1\text{kW}$，三相无功损耗 $Q_K=3\times\frac{U_N}{\sqrt{3}}\times I_N\times X_L\%=3\times\frac{10.5}{\sqrt{3}}\times2000\times0.10=3637\text{kvar}$，年总损耗$=\beta^2\Delta P_\Sigma T=\beta^2(P_K+0.1Q_K)T$。

取负荷率$\beta=0.7$，年运行 $T=8000\text{h}$，每千瓦时按照 0.5 元计，则每年损耗电能达到 1 586 816kWh，折合人民币 79.34 万。

（2）电抗器与电容器串联谐振。三相式电抗器 38.6 万/套，电容器造价按照 45 元/kvar 计，电容器电压 $U_n=0.291\ 2\times8.44=2.46\text{kV}$，考虑可靠系数 1.2 倍，额定电压为 $U_n=2.46\times1.2=2.95\text{kV}$，则有

$$Q_c=\frac{U_n^2}{X_C}=29\ 793\text{kvar} \tag{6-7}$$

三相电容造价预算为 29 793×45×3＝402 万，测控电子设备及电子开关旁路开关 20 万/套。设备预算总价 460 万，年运行损耗折合人民币接近零。

（3）快速开关并联电抗器。三相式电抗器 38.6 万/套，快速开关三相 60 万/套，测控电子设备 10 万，设备预算总价 110 万，年运行损耗折合人民币零。

从上面经济效益分析可以看出，电抗器与电容器串联谐振造价太高；普通电抗器虽然初期设备费用较低，但年运行成本高，运行损耗费用大；快速开关

并联电抗器经比较确定为性价比最高的方案。

2. HN变电站1号变压器限流方案

HN变电站1号变压器容量为40MVA，容量比为1:1:1；变比为110/38.5/10.5，三相阻抗分别为$X_{\text{I-II}}=10.1\%$；$X_{\text{II-III}}=6.65\%$；$X_{\text{I-III}}=18\%$，根据上述数据，设计SHK-ZLB，变压器中压侧串联*ZLB*电抗器之后短路时，中压侧限后电流为变压器最大可承受短路电流的0.83倍考虑（使之限后达到A类标准，即1/1.2=0.83），则限流后的短路电流为

$$I=4.4\times0.83=3.65\text{kA} \tag{6-8}$$

且

$$I\leqslant5\times I_{\text{n}}=2.99\text{kA} \tag{6-9}$$

变压器中压侧短路时线电流由5.66kA限流到2.9kA，设系统限前总阻抗为X_{K2}，限后总阻抗为X_{K3}，则有

$$X_{\text{K2}}=\frac{38.5}{5.66\times\sqrt{3}}=3.927\,2\Omega \tag{6-10}$$

$$X_{\text{K3}}=\frac{38.5}{2.9\times\sqrt{3}}=7.664\,8\Omega \tag{6-11}$$

则电抗器阻抗为$X_{\text{ZLB}}=X_{\text{K3}}-X_{\text{K2}}=3.7376\Omega$。

取电抗器额定电压$U_{\text{N}}=38.5\text{kV}$，额定电流$I_{\text{N}}=1000\text{A}$，计算电抗率有

$$X_{\text{K3}}=\frac{38.5}{2.9\times\sqrt{3}}=7.664\,8\Omega \tag{6-12}$$

$$X\%=\frac{\sqrt{3}\times X_{\text{ZLB}}\times I_{\text{N}}}{U_{\text{N}}}=\frac{\sqrt{3}\times3.737\,6\times1000}{38\,500}=16.8\% \tag{6-13}$$

HN变电站1号变压器限抗装置参数38.5－1000/31.5－3.7376Ω。

HN变电站1号变压器限抗装置参数38.5－1000/31.5－3.7376Ω－16.8%。限前电流6.61kA，限后电流2.9kA。同样的，也针对普通电抗器、电抗器与电容器串联谐振、快速开关并联电抗器三种方案进行对比。

（1）普通电抗器。根据HN变电站限抗参数，对于普通电抗器可选型号为XKK－38.5－1000－17%。三相式60万元/套，查电抗器参数表得到XKK－38.5－1000－17%电抗器有功损耗功率$P_{\text{K}}=32.2\times3=96.6\text{kW}$，三相无功损

耗 $Q_K = 3\times\frac{U_N}{\sqrt{3}}\times I_N\times X_L\% = 3\times\frac{38.5}{\sqrt{3}}\times 1000\times 0.17 = 11\ 336.6\text{kvar}$，年总的损耗$=\beta^2\Delta P_\Sigma T=\beta^2(P_K+0.1Q_K)T$，取负荷率$\beta=0.7$，年运行 $T=8000\text{h}$，每千瓦时按照0.5 元计，每年损耗电能达到 4 822 384kWh，折合人民币 241 万。

（2）电抗器与电容器串联谐振。三相式电抗器 25.4 万/套，电容器造价为45 元/kWh。取电容器电压为 $U_n=3.737\ 6\times 6.61=24.71\text{kV}$，考虑可靠系数 1.2 倍，$U_n=24.71\times 1.2=29.64\text{kV}$，则

$$Q_c=\frac{U_n^2}{X_C}=23\ 505\text{kvar} \tag{6-14}$$

三相电容造价预算为 235 051×45×3=3173 万，测控电子设备及电子开关旁路开关 20 万，设备预算总价 3200 万，年运行损耗折合人民币接近零。

（3）快速开关并联电抗器。三相式电抗器 80 万/套，三相式快速开关 80 万/套，测控电子设备 20 万/套，设备预算总价 180 万，年运行损耗折合人民币零。

从上面经济效益分析可以看出，电抗器与电容器串联谐振造价太高；普通电抗器虽然初期设备费用较低，但年运行成本高，运行损耗费用大；快速开关并联电抗器经比较确定为性价比最高的方案。

3. LY 变电站 3 号变压器限流方案

根据前面分析，LY 变电站 3 号变压器中压侧和低压侧抗短路能力都不足，根据 2015 年该电网短路水平专项分析预测，部分 220kV 限流也存在短路电流超配引发开关遮断能力不足。初步方案是在高压侧 110kV 增加限流装置。

LY 变电站 3 号变压器容量为 63MVA，容量比为 1:1:0.5，变比为110/38.5/10.5，阻抗为 $X_{\text{I-II}}=10.61\%$；$X_{\text{II-III}}=6.08\%$；$X_{\text{I-III}}=18.61\%$。

在变压器高压侧加限抗，选取 110kV 电抗值为 5.65Ω，则有

电抗等效到中压侧为

$$X_{K2}=5.65\times\left(\frac{38.5}{110}\right)^2=0.692\ 1\Omega \tag{6-15}$$

电抗等效到低压侧为

$$X_{K3}=5.65\times\left(\frac{10.5}{110}\right)^2=0.051\ 5\Omega \tag{6-16}$$

变压器中压侧原短路时电流 8.04kA。

设原 38.5kV 系统限前总阻抗为 X_{K2}，限后电流为 I_{K3}，则有

$$X_{K2}=\frac{38.5}{8.04\times\sqrt{3}}=2.764\Omega \tag{6-17}$$

$$I_{K3}=\frac{38.5}{\sqrt{3}\times(0.6921+2.764)}=6.43\text{kA} \tag{6-18}$$

即高压侧增加电抗后，中压侧短路时电流由 8.04kA 限制到 6.43kA；低压侧原短路时线短路电流为 9.88kA。设原 10.5kV 系统限前总阻抗为 X_{K2}，限后电流为 I_{K3}，则有

$$X_{K2}=\frac{10.5}{9.88\times\sqrt{3}}=0.613\Omega \tag{6-19}$$

$$I_{K3}=\frac{10.5}{\sqrt{3}\times(0.6136+0.0515)}=9.11\text{kA} \tag{6-20}$$

即高压侧增加电抗后，低压侧短路时电流由 9.88kA 限制到 9.11kA，根据已有中压侧短路电流和变压器阻抗，反推 110kV 限后电流为 8.08kA。

并联开关的断口电压为 $8.08\times5.65\times1.5=68.48$kV，单台开关断口耐受电压为 21kV，即需要 4 套零损耗限抗串联。

从上面分析可知，高压侧加限抗，中压侧可以达到限流要求，但对低压侧影响很小，不能满足低压侧限流要求，此外，即使忽略低压侧，此参数在目前技术条件下仍需要 4 台无损耗限抗串联。

LY 变电站 3 号变压器高压侧限抗装置参数为 110kV、5.65Ω、500A。同样的，也针对普通电抗器、电抗器与电容器串联谐振、快速开关并联电抗器三种方案进行对比。

（1）普通电抗器。根据 LY 变电站 3 号变压器中压限抗参数，选取普通电抗器型时，高压三相为 80 万元/套；查电抗器参数表得到有功损耗功率 $P_K=13.7\times3=41.1$kW，三相无功损耗 $Q_K=3\times\frac{U_N}{\sqrt{3}}\times I_N\times X_L\%=4763$kvar，普通电抗器年总的损耗$=\beta^2\Delta P_\Sigma T=\beta^2(P_K+0.1Q_K)T$，取负荷率$\beta=0.7$，年运行 $T=8000$h，每千瓦时按照 0.5 元计，则每年损耗电能达到 2 028 208kWh，折合人民币 101 万。

（2）电抗器与电容器串联谐振。选取电抗器与电容器串联谐振时，中压电抗器三相 76 万/套。电容器造价按照 45 元/kvar，电容器电压 $U_n=8.08\times5.65=45.65$kV，考虑可靠系数 1.2 倍，则 $U_n=45.65\times1.2=54.78$kV，$Q_c=\frac{U_n^2}{X_C}=531\,123$kvar，三相电容造价预算为 7170 万，测控电子设备及电子开关旁路开关估价 130 万，设

备预算总价 7300 万，年运行损耗折合人民币接近零。

（3）快速开关并联电抗器。选取快速开关并联电抗器限流方案时，高压电抗器 80 万，快速开关 4 套三相 120 万，测控电子设备 30 万，设备预算总价 230 万，年运行损耗折合人民币零。

从上面经济效益分析可以看出，电抗器与电容器串联谐振造价太高；普通电抗器虽然初期设备费用较低，但年运行成本高，运行损耗费用大；快速开关并联电抗器经比较确定为性价比最高的方案。

4. 限流方案的确定与实施

通过以上分析，确定快速开关并联电抗器方案进行限流，根据三台变压器参数，参考系统短路电流，确定三个变电站的开关参数分别为：HL 变电站 1 号变压器开关装置参数 10.5kV－2000A/40kA；HN 变电站 1 号变压器开关装置参数 38.5kV－1250A/31.5kA；LY 变电站 3 号变压器中压侧开关装置参数 110kV－1250A/31.5kA。

可见，该电网三台变压器抗短路电流能力薄弱的问题可以利用快速真空断路器作为控制限流电抗器投、退的执行部件，实现了在正常时的零损耗运行、故障时快速接入线路实现深度限流，解决了限流电抗器的多次重复自动投退的问题，提高了变压器抗短路电流能力，延续了断路器等开关设备的应用寿命。

6.2 限流工程 2

6.2.1 电网短路电流水平

某系统电网断路器遮断容量为 50kA，在 2013 年通过合理安排运行方式，将 750kV WB 变电站 220kV 母线、MQ 变电站 220kV 母线分列运行，可以将 WB 变电站 220kV 母线三相短路电流可以降低到 50kA 以下，但是 WB 变电站 220kV 单相短路电流仍然较大，其中 220kV Ⅲ、Ⅳ母线（接带 CJ 东部电网）单相短路电流水平已接近于 50kA。2013 年 WB 变电站短路电流值见表 6－3。

表 6-3　　2013 年 WB 变电站短路电流值

短路电流	220kV Ⅰ、Ⅱ母线（kV）	220kVⅢ、Ⅳ母线（kV）	750kV 母线（kV）
三相短路	40.82	44.18	15.85
单相短路	43.08	48.16	14.72

可见，母线分列运行时，WB 变电站Ⅲ、Ⅳ母线在单相接地故障时，短路电流仍然接近断路器遮断容量。

6.2.2　电网限流方案与效果

6.2.2.1　调整电网运行方式限流

根据当前该系统 FH 片区机组投运情况和电网架结构，对 FH 片区进行短路电流计算。在全接线方式下 750kV FH 变电站 220kV 侧三相短路电流为 52.39kA，单相短路电流为 56.65kA。通过调整 FH 片区运行方式，将 750/220kV 电磁环网解环运行。正常运行方式安排如图 6-2 所示。

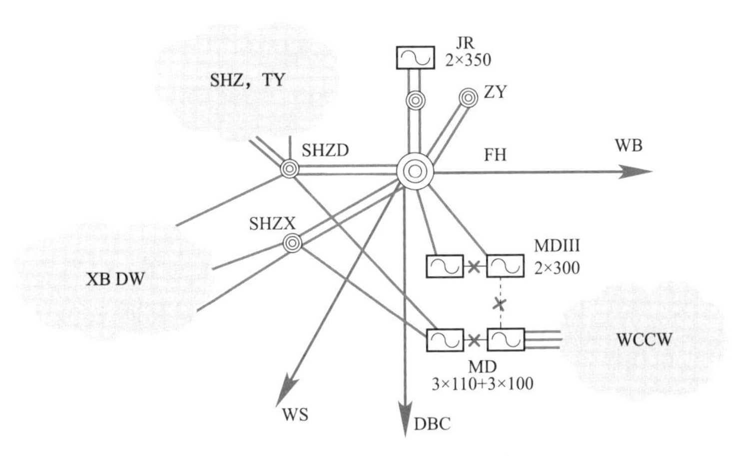

图 6-2　FH 片区运行方式

从图 6-2 可以看出，为了限制 750kV FH 变电站 220kV 侧短路电流水平，采取运行方式调整，将 220kV MDⅢ母联分列，220kV MDⅢ联络线断开。基于当前网架结构，采取上述运行方式可以将 750kV FH 变电站短路电流降低至额定遮断电流以下（三相短路电流为 44.7kA，单相短路电流为 39.65kA）。随着该区域电网的火电机组的大量并网，采取上述运行方式可能导致该区域电网电力送出受阻。

根据电网规划，FH 片区还将继续接入大量火电机组，如 JR 一期二系列电厂（2×350MW）、TW 电厂（2×330MW）、BTSH 电厂（2×350MW）等一系列大容量机组。同时根据电网规划，750kV FH 变电站与各区域电网联系更加紧密，如 750kV WS 开关站增容工程、750kV YZ 输变电工程等电网建设项目。随着电网项目的不断建设，750kV FH 变电站与各地区电网联系更加紧密，从而导致 750kV 变电站 220kV 侧短路电流严重超标。根据规划网架结构，分析各项工程项目对 750kV FH 变电站 220kV 侧短路电流贡献大小。依据可研审查意见及投运时序，各项工程对 750kV FH 变电站 220kV 侧短路电流影响的计算结果如表 6-4 所示。

表 6-4 各项工程短路电流计算结果

项目工程	三相短路电流（kA）	单相短路电流（kA）	贡献大小	
			三相（kA）	单相（kA）
TW 电厂	45.4	49.9	5.47	4.9
JR 一期二系列电厂	48.75	53.25	3.35	3.35
BTSH 电厂	49.44	53.76	0.69	0.51
750kV YZ 输变电工程	50.25	54.7	0.81	0.94
TC 能源电厂	50.37	54.87	0.12	0.17
750kV WS 开关站增容工程	50.53	55.23	0.16	0.36

从表 6-4 可以看出，TW 电厂（2×330MW）接入电网，提高 750kV FH 变电站 220kV 侧母线三相、单相短路电流约 5.47、4.9kA，届时 750kV FH 变电站 220kV 侧母线单相短路电流已接近额定遮断电流，严重影响电网安全稳定运行。随着 FH 片区各项工程相继投运，FH 变电站 220kV 侧母线短路电流不断升高，尤其是单相短路电流严重超过 750kV FH 变电站 220kV 侧额定遮断电流。为了保证电网安全稳定运行，需要采取有效措施降低 FH 片区短路电流。

6.2.2.2 中性点串接小电抗对短路电流的限制作用

采用母线分列方式运行是电力系统常用的短路电流限制措施之一，对 750kV WB 变电站和 750kV FH 变电站如采用 220kV 母线分列的方式，短路电流降幅较大，但是对系统稳定将产生较大的影响，鉴于此可以考虑变压器中性点串接电抗器，这样母线故障时串联电抗器的限流效果可以得到充分体现，对电网安全稳定的影响也较小。

下面分别针对该电网 WB 变电站 1、2 号主变压器和 750kV FH 变电站主变压器 220kV 侧单相短路电流超标的问题，根据在中性点加入小电抗的限制单相短路电流的措施，计算了不同小电抗值对单相短路电流的限制作用，选定 10～15Ω为合适的阻值范围。

（1）WB 站 2 号主变压器加装不同的中性点小电抗后（1 号主变压器不加中性点小电抗），单相短路电流限制效果见表 6–5。

表 6–5　WB 站 2 号主变压器接入中性点小电抗的短路电流值

电抗值（Ω）	220kV Ⅰ、Ⅱ母线（kA）	220kV Ⅲ、Ⅳ母线（kA）	750kV 母线（kA）
0	43.08	48.16	14.72
5	43.25	40.29	15.16
10	43.06	37.95	14.59
12	43.1	37.47	14.43
15	42.94	36.95	14.24
20	42.85	36.39	14.01

WB 站 1、2 号主变压器均加装中性点小电抗后，单相短路电流限制效果见表 6–6。

表 6–6　WB 站 1、2 号主变压器接入中性点小电抗的短路电流值

电抗值（Ω）	220kV Ⅰ、Ⅱ母线（kA）	220kV Ⅲ、Ⅳ母线（kA）	750kV 母线（kA）
0	43.08	48.16	14.72
5	34.27	40.36	15.58
10	31.22	37.94	14.54
12	30.58	37.45	14.23
15	29.89	36.92	13.84
20	29.14	36.36	13.32

从表 6–5 和表 6–6 可知，中性点小电抗阻值继续增大，单相短路电流下降趋势逐渐变缓，限制作用趋向饱和，因此中性点小电抗阻值选择 10～15Ω

较合适。

从表 6-6 还可知：

1）WB 站 2 号主变压器加装中性点小电抗对于限制 WB 变电站 220kVⅢ、Ⅳ母线单相短路电流效果较明显，但对 WB 变电站 220kVⅠ、Ⅱ母线单相短路电流限制效果非常有限。

2）2013 年 WB 变电站 220kVⅠ、Ⅱ母线单相短路电流裕度相对较大，是否需要在 WB 变电站 1 号主变压器加装中性点小电抗，还需结合 2014、2015 年短路电流水平来判断。

（2）750kV FH 变电站主变压器中性点加装小电抗。由于 750kV 变压器采用的是自耦变压器，正常运行情况下，变压器中性点必须接地，从而导致 750kV 变电站 220kV 侧单相短路电流大于三相短路电流。根据单相短路电流计算原理，为了减小单相短路电流，可以改变零序网络，适当增大零序网络阻抗值。在 750kV 变电站主变压器中性点加装小电抗，可以将增大系统的零序阻抗值，降低单相短路电流。

假设在 750kV FH 变电站两台主变压器中性点分别加装 12Ω 小电抗，计算结果如表 6-7 所示。

表 6-7　　750kV FH 变电站 220kV 短路电流计算结果

状态	三相短路电流（kA）	单相短路电流（kA）	变化量（kA）	
加装前	48.21	52.44	—	—
加装后	48.21	40.42	0	－12.02

从表 6-7 可以看出，在 750kV FH 变电站两台主变压器中性点加装 12Ω 小电抗之后，可以降低 750kV FH 变电站 220kV 侧单相短路电流 12.02kA，可以有效地降低 750kV FH 变电站 220kV 单相短路电流。

由表 6-7 还可以看出，加装中性点小电抗只能降低单相短路电流，不能降低三相短路电流。随着后续 FH 片区各项工程的相继投运，仅依靠加装中性点小电抗不能满足要求，因此还需采取几种措施联合降低短路电流。

6.2.3 小结与建议

针对 FH 片区短路电流水平超标问题，提出通过变电站主变压器中性点加装小电抗限制短路电流的措施，这种措施均能降低 750kV FH 变电站 220kV 侧短路电流水平。

（1）WB 变电站 220kV 母线分列运行时，WB 变电站 2 号主变压器加装中性点小电抗后对 2 号主变压器 220kV 母线单相短路电流起到了明显的限制作用，对 1 号主变压器 220kV 母线单相短路电流限制效果非常有限。

（2）随着中性点小电抗阻值继续增大，单相短路电流下降趋势逐渐变缓，限制作用趋向饱和，因此阻值选择 10～15Ω 较合适。

（3）WB 变电站主变压器加装中性点小电抗在各种条件下零序与正序电抗之比为正值且不大于 3，零序电阻与正序电抗之比为正值且不大于 1，均未构成不接地系统。

（4）结合 2014、2015 年短路电流水平，WB 变电站 1、2 号主变压器均需加装中性点小电抗限制单相短路电流，但对三相短路电流的没明显限制效果，为此还需要配合多种限流措施才能达到更好的效果。

6.3 限流工程 3

某地区电力系统包含火电厂 28 座，有功发电量 6634MW，风电场 26 座，有功发电量 611.5MW，总计发电量 7245.5MW；模型中母线节点共计 523 个，其中负荷节点 470 个，采用 2019 年枯小运行方式数据。变电站网架结构图见图 6-3。

图 6-3 中，G1 和 G2 代表发电厂，虚线表示在建未投项目。由图 6-3 可知，变电站 4 作为电网一处重要节点，与变电站 6、变电站 1 节点均靠双回线联络，且在此运行方式下与变电站 3 间联络线并未投入运行。当此处节点发生短路故障时，过大的短路电流势必对周边地区电力用户造成较大影响。

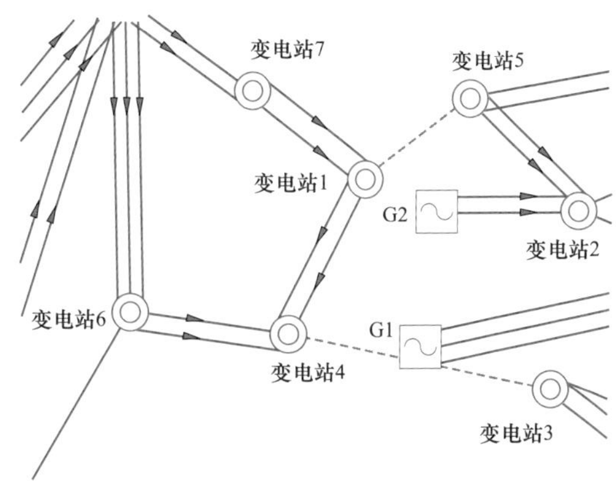

图 6-3　变电站网架结构图

根据电力系统的运行要求，进行电力系统限流时需要遵循以下 3 个原则：

（1）短路电流限制到额定电流的 4 倍以下。

（2）限流后的短路电流应不低于额定电流的 2 倍。

（3）设计限流电抗值时要考虑电网今后的发展并且断口电压留有适当的余量（至少 10%）。

对系统限流器进行配置并优化的策略步骤如下：

第 1 步，根据系统运行方式对电力系统进行短路电流的测算，得到 7 个超标或者临近超标的变电站母线短路电流，见表 6–8。

表 6–8 短路时变电站母线短路电流

变电站 1	变电站 2	变电站 3	变电站 4	变电站 5	变电站 6	变电站 7
6.057kA	5.991kA	2.788kA	9.751kA	4.923kA	4.930kA	4.725kA

对电力系统在变电站 4 正常运行情况下的电压、电流情况进行仿真分析，仿真时间共计 5s，可得到变电站 4 节点母线电压、电流波形分别如图 6–4 和图 6–5 所示。

正常运行时的变电站 4 节点母线电压保持在 1.03p.u.，节点电流幅值则为 0.693p.u.左右，均可保持稳定运行。假定在变电站节点与变电站 3 之间的变电站 4 侧母线处设置三相短路故障，故障发生于 1s 时，0.12s 后切除，则此时节点电压、电流波形分别如图 6–6 和图 6–7 所示。

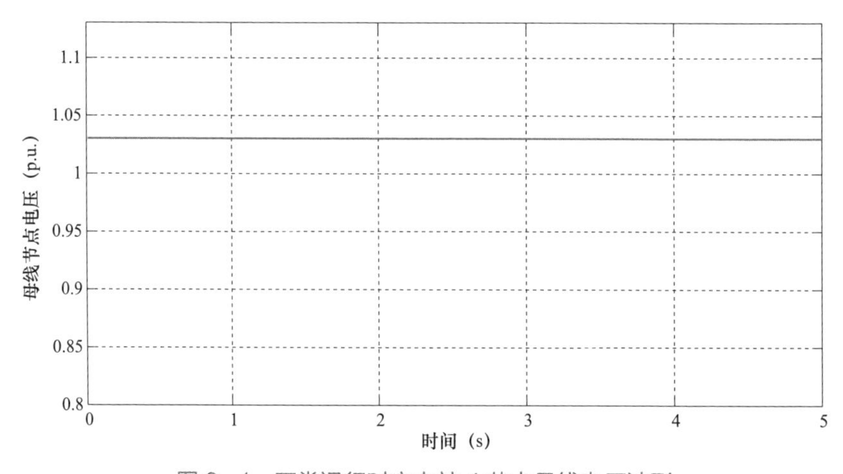

图 6–4 正常运行时变电站 4 节点母线电压波形

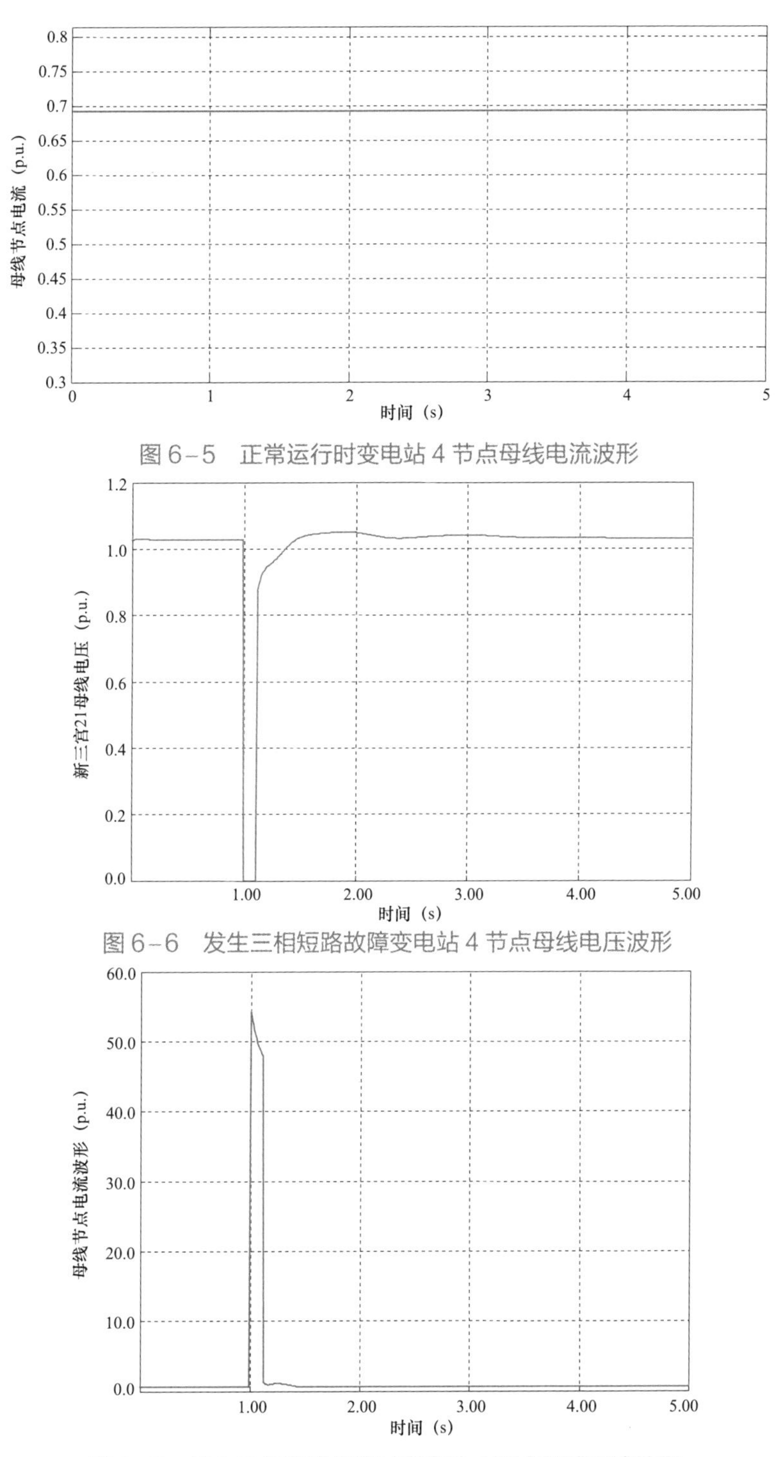

图 6-5　正常运行时变电站 4 节点母线电流波形

图 6-6　发生三相短路故障变电站 4 节点母线电压波形

图 6-7　发生三相短路故障时变电站 4 节点母线电流波形

对比图 6-4～图 6-7 可知，变电站 4 节点母线发生三相短路时，故障瞬间电压跌落至近 0p.u.，而此时短路电流则飙升至 54.35p.u.，远超额定运行时的 0.693p.u.（电流基准值 I_b=1000A）。

第 2 步，分析电力系统网架结构，结合限流装置的经济性、限流深度、损耗以及其他性能，对安装地点和限流类型进行优化选择。

综合考虑各种装置的优缺点，最终选择新型零损耗限流电抗器进行治理，通过计算得到各变压器 35kV 侧应串接的电抗器电抗值如表 6-9 和表 6-10 所示。

表 6-9　变电站 4 1 号、2 号变压器串联电抗器限流结果计算表

额定电流（A）	电抗率	电抗值（Ω）	限流后短路电流（A）	断口电压（V）	限流电抗压降（V）
1125	0.06	1.186	8876	10 527	2310
1125	0.08	1.581	7666	12 120	3080
1125	0.1	1.976	6747	13 332	3850

表 6-10　变电站 4 3 号变压器串联电抗器限流结果计算表

额定电流（kA）	电抗率	电抗值（Ω）	限流后短路电流（A）	断口电压（V）	限流电抗压降（V）
1350	0.06	0.988	10 357	10 233	2310
1350	0.08	1.318	8979	11 834	3082
1350	0.1	1.647	7925	13 052	3851

综合各方面考虑后，决定选择电抗率 8%的新型零损耗限流器进行治理，加装零损耗限流设备后，变电站 4 电站线路如图 6-8 所示，此时发生三短故障时的节点电压、电流波形如图 6-9 和图 6-10 所示。

如图 6-9 和图 6-10 所示，加入零损耗短路电流限制装置之后故障电流均在被限制到 9.0p.u.左右，与计算结果相近，而故障后的恢复电压幅值也在一定程度上得到了限制，可见装置的安装地点和类型影响电网的限流效果。

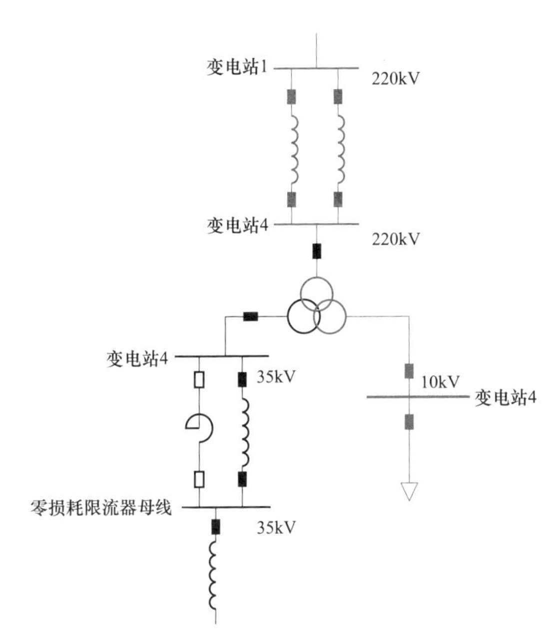

图 6-8　装设新型零损耗后变电站 4 接线图

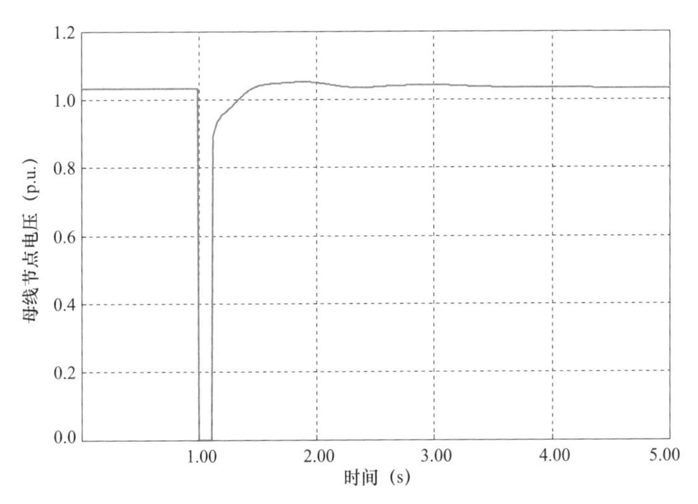

图 6-9　装设零损耗短路电流限制装置后故障发生时节点母线电压波形

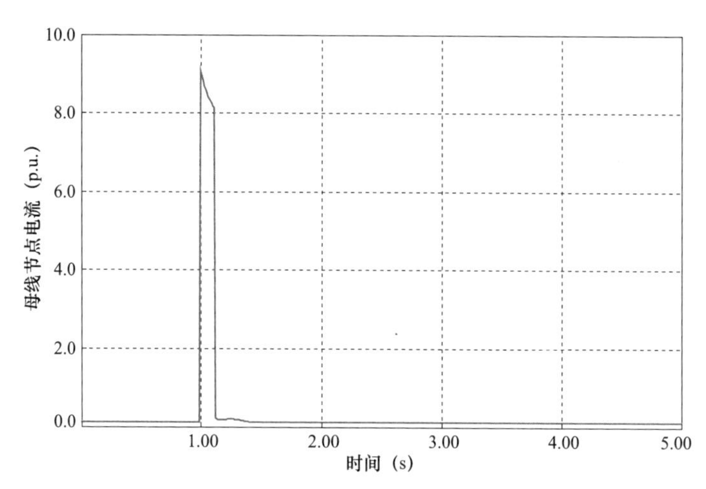

图6-10 装设零损耗短路电流限制装置后故障发生时节点母线电流波形（p.u.）

参 考 文 献

[1] 刁晓蕾. 并联转移型限流器的研究 [D]. 沈阳工业大学，2017.

[2] 娄宝磊. 超高压电网串联谐振型短路电流限制器关键技术[J]. 中国电力，2017，50(6)：56－61.

[3] 李华，商文颖，南哲，等. 电网短路电流限制措施优劣对比 [J]. 东北电力技术，2017，38（5）：48－50.

[4] J. Kulda. Short-circuit Forces in Transformers. CIGRE Report 13－6，1958.

[5] Pichon，B. Hochart，F. salgues. Problems of Short-circuit Behavior of Transformers. CIGRE Report 14－2，1958.

[6] M. Oyama，S. Fujitaka，J. Tomiyama. A Study of the Short-Circuit Strength of Transformer Windings by Means of Models. CIGRE Report 12－3，1962.

[7] J. F. Ulikowski，W. Lech，J. Rachwalski，et al. Experience in Short-Circuit Testing of Transformers. CIGRE Report 12－13，1968.

[8] M. Walters，J. C. Farr，A. Stalewski，et al. Short-circuit Testing of Power Transformers and the Detection and Location of Damage. CIGRE Report 12－5，1968.

[9] Steel，R. B. Johnson，W. M. Narbus，et al. Dynamic Measurements in Power Transformers under Short-circuit Conditions. CIGRE，Report 12－01，1972.

[10] M. K. Ozlowski，W. M. Arcinilk，W. P. Ewca，etal. Selected Short-circuit Strength Problems in Power Transformers. ClGRE，Report12－05，1980.

[11] WaMcnutt，Y. Tournier，G. Preininger，etal. Assurance of Transformer Short-circuit Withstand Capability. ClGRE，Report12－03，1980.

[12] H. Kojima，H. Miyata，S. Shida. Buckling Strength Analysis of Large Power Transformer Winding Subjected to Electromagnetic Force under Short Circuit. IEEE Trans. PAS，1980，99（3）：1288－1297.

[13] 钟俊涛，辛朝辉. 大容量变压器内线圈短路强度研究. 华北电力大学学报，2002，29（Z1）：56－59.

[14] 张明丽. 大型变压器抗短路能力校核研究 [D]. 华中科技大学，2012.

[15] 周国伟，刘文州，罗阀，等. 基于虚功原理的变压器轴向电动力测算 [J]. 变压器，2015，52（2）：1－5.

[16] 陈芳，张东升. 轴向短路电动力和低压绕组辐向稳定性校核 [J]. 价值工程，2011，30（33）：33－34.

[17] 张静波，王新彤，肖志国. 预防变压器外部短路冲击损坏事故的措施. 电网技术，2008，32（24）：101－104.

[18] 凌子恕. 110kV 变压器短路损坏故障分析及建议. 电网技术，1996，20（6）：13－17.

[19] 郭健，金承祥，李宁. 电力变压器辐向承受短路能力的校核计算 [J]. 南京航空航天大学学报，2013，45（2）：239－244.

[20] 吉亚民，张霁. 变压器承受短路能力核算和绕组变形测试. 变压器，2008，45（3）：56－58.

[21] M. P. Saravolac，P. A. Vertigen，C. A. Sumner，etal. Design Verification Criteria for Evaluating the Short Circuit Withstand Capability of Transformerinner Windings. Cigre，2000.

[22] 中华人民共和国国家质量监督检验检疫总局，中国国家标准化管理委员会. GB 1094.5—2008. 电力变压器　第 5 部分：承受短路的能力. 中国标准出版社，2008－09－19.

[23] 陈振茂，徐建学. 大型电力变压器线圈轴向非线性振动研究. 应用力学学报，1990，7（1）：21－29.

[24] 王洪方，王乃庆，李同生. 大型电力变压器绕组轴向稳定性问题的研究状况. 电网技术，1999，23（4）：8－10.

[25] 王洪方，王乃庆，李同生. 短路条件下电力变压器绕组轴向振动等效单自由度分析. 电工技术学报，2000，15（5）：39－42.

[26] PatelM. R. Dynamic response of power.

[27] transformersunderaxialshort-circuit forces. IEEETrans. PAS，1973，92（4）：1567－1575.

[28] HoriY.，OkuyamaK. Axial Vibration Analysis of Transformer Windings under Short circuit Condition. IEEE Trans. PAS，1980，99（2）：443－451.

[29] 周国伟，刘文州，罗阀，等. 基于虚功原理的变压器轴向电动力测算 [J]. 变压器，2015，52（2）：1－5.

[30] 王世山，汲胜昌，李彦明. 电缆绕组变压器短路时线圈轴向稳定性的研究. 中国电机工程学报，2004，24（2）：166－169.

［31］郭健，高昌平．非晶合金变压器抗短路能力校核模型与短路承受能力评估技术研究［J］．变压器，2017，54（8）：24－30．

［32］左秀江，钱文晓，王延伟，etal．变压器抗短路能力模糊层次分析模型的应用［J］．电力系统及其自动化学报，2018，30（10）：143－148．

［33］BoseA．K．Dynamic response of winding sunder short-circuit．ClGRE，Report 12－03，1972．

［34］N．Uchiyama，S．SaitoMember，M．Kashiwakura，etal．Axial Vibration Analysis of Transformer Windings with Hysteresis of Stress-and-Strain Characteristic of Insulating Materials，IEEE，2000．

［35］张秀斌，温定筠，屈传宁，等．电力变压器抗短路能力校核与治理［J］．电气应用，2015（3）：78－81．

［36］韩克俊，杜迎辉，徐莲环，等．变压器部件试验模态分析对仿真分析的校核［J］．变压器，2016（12）：35－41．

［37］杨振纲，李力，李扬絮，等．广东电网短路电流超标问题及对策［J］．南方电网技术，2011，05（5）：90－93．

［38］胡浩，杨斌文，李晓峰．变压器短路电流的实用计算方法［J］．变压器，2010，47（7）：9－10．

［39］王志连．大容量变压器抗短路能力简析［J］．山东工业技术，2014（14）：129－129．

［40］黄永宁，樊益平，艾绍贵．防止变压器因突发短路冲击损坏的研究［J］．宁夏电力，2011（b12）：11－15．

［41］刘娟，王志敏．云南电网短路电流升高原因及对策［J］．云南电力技术，2017，45（4）：108－110．

［42］谭辉，孔祥福，曾凡涛．新能源发电技术研究综述[J]．山东工业技术 2014，23：173－174．

［43］李智毅．新能源发电技术及应用探析［J］．大唐乌拉特后旗新能源有限公司．电力讯息，2016．10：205－206．

［44］王博飞，曹海风，隆国苍．新能源发电技术的现状及应用前景分析［J］．中国水利水电第四工程局有限公司．科技创新 2018．3，9．

［45］陈鹏，张哲，尹项根，等．计及 GSC 电流和控制策略的 DFIG 稳态故障电流计算模型［J］．电力系统自动化，2016，40（16）：8－16．

［46］杨为，高研，徐宁舟，严流进，黎明．新能源发电技术的分析［J］．合肥工业大学．电

工电气 2009，4：1－5.

[47] 吉永革，田津．分布式发电及其对电力系统的影响［J］．国网黑龙江省电力有限公司绥化供电公司．民营科技 2017（11）：46－46.

[48] 付善志，陈诚．浅析分布式发电技术及其对电力系统的影响［J］．国网湖北省电力公司浠水县供电公司．科学与信息化 2017（4）：30－32.

[49] 尹项根，张哲，肖繁，等．分布式电源短路计算模型及电网故障计算方法研究［J］．电力系统保护与控制，2015，43（22）：9－17.

[50] 薛峰．特高压直流输电对交流电网变压器的影响［J］．南京南瑞继保电气有限公司．数字通信世界 2017（11）：115－116.

[51] 周浩，余宇红．我国发展特高压输电中一些重要问题的讨论［J］．浙江大学．电网技术 2015，12（29）：1－8.

[52] 王瑞妙，欧阳金鑫，高晋，郑迪．电网三相短路下光伏发电短路电流特性分析［J］．计算机仿真 2015，32（10）：140－143.

[53] 刘书玉，孙晓倩．分布式 f 电源参数对短路电流的影响［J］．国际会议，2016.9.3：66－73.

[54] 傅旭，李想，王笑飞．新能源发电接入对电网短路电流的影响研究［J］．分布式能源，2018，3（2）：58－63.

[55] 薛书倩．分布式光伏发电并网对配电网安全的影响分析［J］．新奥泛能网络科技集团．江西建材，2017，（23）：191－191.

[56] 徐驰．分布式电源接入对配网的影响及其优化策略［D］．武汉理工大学。2014.5：21－25.

[57] 杨杉，同向前，刘健，等．含分布式电源配电网的短路电流计算方法研究［J］．电网技术，2015（07）：232－237.

[58] 徐贤．220kV 电网短路电流预测的新方法及应用［J］．电力系统自动化，2007（16）：107－110.

[59] 郑少鹏，钟显，孙谊媊，等．±1100kV 特高压直流接入后短路电流分析及限制措施研究［J］．高压电器，2016（52）：24．18－24.

[60] 吴建云．短路电流换路产生的直流分量问题分析［J］．宁夏电力，2017（05）：59－63＋67.

[61] 李黎．分布式发电技术及其并网后的问题研究［J］．电网与清洁能源，2010，026（002）：55－59.

[62] 张尧，晁勤，李育强，等．基于关键因子和辨识技术的光伏并网系统短路电流建模［J］．电

力系统保护与控制，2016，44（16）：84－89.

[63] 马晓博，戚连锁. 分布式光伏电源对配电网短路电流和静态电压影响的仿真分析[J]. 海军工程大学学报，2016，28（1）：20－25.

[64] 唐校友. 架空输电线路三相导线正三角形排列时的电动力计算 [J]. 长沙电力学院学报（自然科学版），2003，18（4）：57－59.

[65] 汪海燕，魏玉超，张承学. 架空输电线路三相导线间安培力分析 [J]. 现代电力，2009（3）：68－70.

[66] 冯岩. 短路电流产生的热效应及力效应 [J]. 卷宗，2014（5 期）：260－260.

[67] 罗为，邱家驹，魏路平. 电力系统断路器遮断容量实时校核 [J]. 华东电力，2004（04）：22－24.

[68] 陈玉庆，蔡斌. 大型电力变压器漏磁场的 ANSYS 有限元分析 [J]. 电气技术. 2008（11）：31－34.

[69] 董景义，李杰，马立明，张衍敏. 换流变压器漏磁场分布特性仿真研究 [J]. 变压器. 2013. 10，10（50）：20－26.

[70] 马健，刘文里，王录亮，钟燕. 换流变压器绕组辐向短路力的计算与分析 [J]. 黑龙江电力. 2013. 8，4（35）：325－329.

[71] 李林达，李正绪，孙实源，廖一帆. 电力变压器短路累积效应研究综述 [J]. 变压器. 2017. 2，2（54）：24－31.

[72] 欧小平. 变压器漏磁场分布与计算 [J]. 变压器，1990（7）：21－23.

[73] 罗拓. 电力变压器漏磁场的特点与分析 [J]. 广东输电与变电技术，2007（2）：11－13.

[74] 徐勇，周腊吾，朱英浩，等. 变压器漏磁场的分析 [J]. 变压器，2003，40（9）：1－4.

[75] 王群京，戴维·汤普森. 三相电力变压器漏磁分布的研究 [J]. 哈尔滨电工学院学报. 1990. 12，4（13）：337－346.

[76] 王楠，王伟，张鑫，葛军，魏菊芳. 变压器短路冲击累积效应评估技术 [J]. 电机电器. 2017，18（36）：44－48.

[77] 陈东环，李智，禹东泽，赵海英，王凤瑞. 变压器多次短路后累积效应分析 [J]. 变压器. 2018. 10，10（55）：61－63.

[78] 李正绪，李林达，孙实源，廖一帆. 电力变压器短路微变形累积效应试验 [J]. 广东电力. 2017. 5，5（30）：92－95.

[79] 张海军，王曙鸿，李姗姗. 多次短路下电力变压器绕组变形累积效应分析 [J]. 变压

器．2018．2，2（55）：37－42．

［80］张鑫，刘力卿，王伟，冯军基，马昊．耦合场理论在变压器绕组累积变形仿真中的应用［J］．现代工业经济和信息化．2018，17（173）：20－22．

［81］黎大健，王佳琳，陈梁远，赵坚．基于有限元法的变压器漏磁场及电动力分析［J］．广西电力．2014．12：15－17．

［82］陈湘令．基于 Ansoft 的变压器突发短路有限元漏磁场分析［J］．电气技术．2015：61－62．

［83］王雄博，刘文里，李讳春，白仕光，李慧，李航．电力变压器绕组漏磁场及涡流损耗的三维数值分析［J］．黑龙江电力．2016．4，2（38）：169－173．

［84］张宏斌，周晓扬．500kV 变压器绕组端部的三维漏磁场分析［J］．电器制造．2018：58－60．

［85］康宏彪，王汝法，曹祥河，张乾，刘永刚．基于仿真技术的干式变压器漏磁场分析［J］．现代制造技术与装备．2012，3（208）：34－36．

［86］王楠，王伟，张鑫，葛军，魏菊芳．变压器短路冲击累积效应评估技术［J］．电气应用．2017，36（18）：44－48．

［87］王世山，李彦明．电力变压器绕组电动力的分析计算［J］．高压电器．2002．8，4（38）：22－25．

［88］王世山，李彦明．利用有限元法进行电力变压器绕组电动力的分析计算［J］．西安石油学院学报（自然科学版）．2002．7，4（17）：56－58．

［89］徐永明，郭蓉，张洪达．电力变压器绕组短路电动力计算［J］．电机与控制学报，2014，18（05）：36－42．

［90］周毅，周毅，李小川．500kV 主变压器中性点加装小电抗器限制短路电流的研究［J］．电源技术应用，2014（3）．

［91］李召兄，吴丽，苗文静．变压器中性点经小电抗接地限制短路电流研究［J］．工程技术：文摘版，2016（3）：00124－00125．

［92］张捷，黄剑．500kV 主变压器中性点加装小电抗器限制短路电流的研究［J］．广东电力，2012，25（4）：36－39．

［93］龚贤夫，高崇，龙志，等．500kV 自耦变压器中性点加装小电抗限制不对称短路电流原理［J］．电力建设，2013，34（11）：56－60．

［94］欧阳旭东．500kV 自耦变压器中性点加装小电抗和电容隔直装置方案研究［J］．第四届电能质量及柔性输电技术研讨会，2012．

[95] 于化鹏，陈水明，杨鹏程，等. 220kV 变压器中性点经小电抗接地方式 [J]. 电网技术，2011（1）：146－151.

[96] 李威杰. 单相自耦变压器串接小电抗方式在内蒙古电网 500kV 变电站中的初步应用 [J]. 中国科技投资，2014：221－221.

[97] 张恒，肖文，姜文华. 500kV 变压器经小电抗接地的应用分析 [J]. 工程技术：文摘版，2016（3）：00096－00096.

[98] 吴小科. 500kV 自耦变压器中性点接地小电抗的选取及运维方法探讨 [J]. 商品与质量·学术观察，2013（3）：111－111.

[99] 蒋伟，吴广宁，彭倩，等. 110kV 变压器经小电抗接地方式的分析 [C] //2008 全国博士生学术论坛. 2008.

[100] 于文星，田勇. 关于限制 240MVA 变压器 10kV 侧短路电流两种方式的比较分析[J]. 城市建设理论研究：电子版，2013（36）.

[101] 许丽娟. 500kV 吉兰太变电站主变中性点加装限流电抗器的应用研究 [D]. 华北电力大学，2015.

[102] 高峰. 银川东换流站主变压器中性点电抗器配置方案[J]. 宁夏电力，2014(6)：13－17.

[103] 黄阮明，黄一超，郭明星，等. 串联电抗器在上海电网的应用前景分析 [Z]. 1. 国网上海市电力公司经济技术研究院.

[104] 李庆民，娄杰，张黎，等. 电力系统经济型故障技术限流器 [M]. 机械工业出版社，2011：5－6.

[105] 张爱军，孟庆天，吕海霞，等. 500kV 自耦变压器中性点小电抗选型分析 [J]. 内蒙古电力科学研究院. 2014，32（1）：21－30.

[106] 陆佳政，张红先，方针，等. 新型的以变压器为核心结构的限流装置的设计与仿真计算 [J]. 华中电力，2006，19（6）：6－9.

[107] 郭绍伟，马继先，孙云生，等. 基于导爆管技术的变压器快速限流装置 [J]. 高电压技术，2015，41（增刊 2）.

[108] 艾绍贵，马奎，贺好艳，等. 一体化集成变阻抗节能变压器的研究 [J]. 高电压技术，2016，42（4）：1028－1034.

[109] 杨大鸥，骆平，姚辉冉. 利用 LC 谐振的新型短路电流限制器的研究 [J]. 东北电力技术，2000（9）：28－30.

[110] 徐波. 基于磁通补偿的大容量故障限流器 [D]. 华中科技大学，2004.

［111］ H. Huang，Z. Xu，“Improving performance of multi—infeed HVDC system using glid dynamic segmentation technique based on fault current limiters”，IEEE Transactions on Power Systems，v01. 27，no，3，PP. 1664—1672，2012

［112］ 王欢，李岩. 考虑残余应力的大型电力变压器绕组短路强度计算与分析［J］. 电力自动化设备，2018.

［113］ 咸日常，董方旭，朱庆团，etal. 电力变压器低压绕组变形故障的累积效应分析自动化技术、计算机技术［J］. 科学技术与工程，2018，18（31）：35－40.

［114］ 江道灼，敖志香，卢旭日，等. 短路限流技术的研究与发展［J］. 电力系统及其自动化学报，2007，19（3）：8－19.

［115］ 章剑峰. 短路限流技术在电力系统中的应用研究［D］. 浙江大学，2004.

［116］ 新疆电科院，等. 750kV 变压器中性点优化运行关键技术研究和应用主要技术文件汇编［R］. 新疆乌鲁木齐，2016.